BARKERBOOKS
MI VIDA ENTRE LA TROPA

Edición: Sharon PIcazo | BARKER BOOKS®
Diseño de Portada: Jorge Fernández | BARKER BOOKS®
Diseño de Interiores: Jorge Fernández | BARKER BOOKS®

Primera edición. Publicado por BARKER BOOKS®

I.S.B.N. Paperback | 979-8-89204-430-1
I.S.B.N. Hardcover | 9979-8-89204-431-8
I.S.B.N. eBook | 979-8-89204-429-5

Derechos de Autor - Número de control Library of Congress: 1-13176076262

Barker Publishing, LLC
500 Broadway 218, Santa Monica, CA 90401
https://barkerbooks.com
publishing@barkerbooks.com

BENJAMÍN IBARRA RAMÍREZ

MI VIDA ENTRE LA TROPA

BARKERBOOKS

CON CARIÑO Y AGRADECIMIENTO:

Primero a Dios por darme la luz y bendición para escribir. Y a toda mi familia en general por su apoyo moral y económico; pero sobre todo por creer y esperar en mí, por sus horas de desvelos mientras yo escribía, por la zozobra mientras se llevaban a cabo los trámites correspondientes. Porque siempre estuvieron ahí conmigo. Y porque siempre figure en sus oraciones.

Dedicado también a todos esos hombres de a caballo del Arma de Caballería y sus Servicios Técnicos de apoyo del Ejercito mexicano, que fueron parte fundamental para dar vida a esta obra pues fueron parte de mi vida... de mi historia.

Y como un homenaje póstumo con todo mi cariño y respeto para aquellos que fueron compañeros en mi Regimiento y que ya se encuentran allá muy cerca de Dios. (Q. E. P. D.)

"a mi paso en esta vida, tratare de dejar huella.

y los soldados del futuro y mis generaciones venideras sabrán... ¡QUE ESTUVE AQUI!"

Contenido

PRÓLOGO

Tal vez a estas alturas de la vida, sí, de mi vida, alguien se pregunte por ahí, el por qué dejé que pasara algún tiempo (mucho diría yo), para comenzar a escribir esta sencilla obra y dedicarle algún tiempo a narrarles estos sucesos que, cual eslabones, formaron una cadena de todo lo vivido durante mi estancia, aunque corta, en el Ejército mexicano.

Cuando era adolescente y cursaba la educación secundaria, ya escribía, aunque cosas muy sencillas. Eran solo pequeños poemas en verso en un cuaderno de taquigrafía, mismo que al graduarme, le regalé a mi profesora de la materia de español.

Les cuento: ella, en una ocasión me sorprendió escribiendo dentro del salón y, en plena clase, muy sigilosamente se acercó y con su sola presencia, hizo que violentamente me regresara del espacio sideral donde me encontraba y que mi musa huyera de inmediato. Me pidió el cuaderno prestado y preguntó si podía leerlo. Saliendo de mi letargo, le contesté que sí. Al regresármelo, y después de la letanía obligada por no estar dentro del contexto de la clase, me felicitó y dijo que eran muy buenos y bonitos poemas. Así fue como conoció mis pequeñas y modestas obras.

También fue motivo de pedirme una sentida y profunda disculpa, pues tiempo atrás se trató de presentar como tarea un cuento salido de la inspiración de cada uno de nosotros. Ese día por la tarde, mis tres entrañables amigos y compañeros de grupo y yo, nos reunimos en casa de uno de ellos. Procedimos a redactar nuestros respectivos cuentos, para después organizar el ya clásico partido de fútbol.

Vagamente, recuerdo el desarrollo del mío, solamente se me quedó muy grabado el título del mismo: desde el cielo, y alguno que otro detalle sobresaliente. Trataba de un niño de tan solo ocho años, de nombre Froilán, huérfano de madre, quien nunca había conocido a su padre ni sabía nada de él. Este niño tenía muchas dificultades para estudiar, vestir pero, sobre todo, comer y, además, con el mal trato diario ejercido por las personas del barrio en su contra, pues a pesar de que era un niño muy solitario y triste, era muy diligente. Sin embargo, algunas personas lo tachaban de vago, sucio y malviviente.

Diariamente, en todos los lugares donde a él se le veía, por coincidencia siempre lo acompañaba (aunque a distancia) y en ocasiones se acercaba a él y hasta se dejaba acariciar por él, un pajarito blanco muy hermoso, el cual parecía su guardián o protector. A pesar de los malos tratos y vejaciones en su contra, siempre salió avante, pues la bendición de su madre fallecida lo alumbraba.

Cierto día, un hombre, muy famoso y de buena posición lo encontró vagando por las calles del pueblo, y después de indagar y enterarse del nombre de su madre fallecida, su domicilio, (el cual era una pequeña casita de madera muy vieja y desvencijada, misma que fuera propiedad de su madre) y preguntar con los lugareños más datos acerca de Froilán, él lo reconoció y lo recogió, simplemente porque este hombre resultó ser su padre. Más o menos esa es la sinopsis de mi tarea en referencia.

Al día siguiente en clase, todos reunimos nuestras tareas en el escritorio de la profesora para su revisión y calificación correspondiente. Ella comenzó a revisar y calificar los mismos y, en ocasiones, a algunos de los compañeros los llamaba, ya fuera para felicitarlos o corregirlos en algo. Por mi parte, dejando la modestia de lado, casi estaba seguro de que no me iría tan mal.

Cuando tocó el turno de que fuera revisado el mío, bastante molesta me llamó, y en el momento de encontrarme frente a su escritorio preguntó:

—¿Cero, señor? —Así se dirigía a nosotros, llamándonos "señor" —. ¿Quiere que le ponga un cero?

Bastante extrañado, pues creí que me felicitaría, respondí:

—¿Pero por qué maestra, ahora que hice o que dejé de hacer para merecer esa calificación?

—A usted le pondré un cero, pero antes necesito que me diga con toda la sinceridad que sea capaz, ¿de dónde copió este cuento?

¿Quién se lo hizo, se lo dictó o de qué película lo sacó? Pues está excelentemente bien copiado.

A lo que respondí:

—¿Película, maestra? Para su conocimiento, le aclaro con todo el respeto, que no tengo televisión en mi casa, pues ni siquiera tengo luz eléctrica.

Lo cual era verdad. Me alumbraba con un "aparato" de petróleo, que consistía en frasco de vidrio lleno de petróleo con una mecha de tela en el interior. Sobresalía de la tapa agujerada del frasco y se le prendía con cerillos; la pequeña flama me proveía de luz, o bien con simples velas de cera. Al escuchar esto último, la maestra adoptó un semblante de pena por mí, pero se recompuso y contraatacó.

—Pues no sé, tal vez su papá o un hermano mayor se lo hizo —dijo ella.

—Además, mis compañeros son testigos de que yo lo hice. —respondí. No valió de nada que mis amigos testificaran a mi favor.

Ella respondió:

—Pues no sé, pero este cuento, tiene muchas ideas y formas de expresión que no corresponden a un chico de su edad, sino a una persona más madura, más vivida, con más experiencia y, por supuesto, más estudiada, y ¿por qué no decirlo? Es la creación de una mente muy brillante y privilegiada y la verdad, se lo digo sinceramente... No creo que sea la suya. Debería ponerle un cero, y ni siquiera sé por qué no lo hago, pues trato de sorprenderme. Por lo pronto, se queda con un espantoso siete. Retírese a su lugar —dijo sin darme tiempo a replicar.

Lentamente, ante la mirada de pena de Gaby, Liz, Gely, Lulú "la Gringa" y Martha, su hermana, Cerda, Rocky, "el Chore" y demás compañeros que me apreciaban, me retiré a mi pupitre, algo desconsolado por la calificación. Pero dentro de mí un gran orgullo me llenaba por completo, cual si hubiera sacado un diez con mención honorífica. Sin embargo, actúe ante los demás poniendo cara de desconsuelo, como condoliéndome a mí mismo (cosa que aborrezco hacer).

La profesora, sin proponérselo, me había levantado hasta las nubes, al hablar de "mi" obra como hecha por una mente brillante y privilegiada, y con solo la testificación de mis tres amigos y compañeros, los cuales sabía que serían interrogados por el resto de los compañeros de mi grupo; eso me bastaba.

Mucho tiempo después, en la soledad de alguna base militar de operaciones, en mi cama del cuartel o rumbo a mi casa en un autobús de pasajeros, en momentos de ocio y despreocupación; o en el silencio de algún puesto militar de vigilancia, logré escribir alguna cantidad de poemas en verso, pero esa... Sí, esa.... **es otra historia.**

Pues bien, procedo a narrarles, en los albores de mis cincuenta, ahora retirado del Activo, obviamente de las filas del ejército mexicano. Esta es una remembranza de casi veintidós años que brinde a mi Instituto Armado, a mi patria, a mi pueblo; sí, a mi gente.

En pláticas con un entrañable amigo, una distinguida y finísima persona, al cual conocí al comenzar yo a laborar aquí, en una universidad privada del norte de la república, donde actualmente me encuentro prestando mis servicios, evoqué varios recuerdos.

Desde el momento que nos conocimos, me brindó su amistad muy sincera y desinteresada, gesto que fue recíproco. Tras enterarse de mi situación como retirado del servicio activo del ejército mexicano, me cuestionaba sobre los detalles de mi estancia en las Fuerzas Armadas. Comentaba que mis vivencias dentro del medio castrense le llamaban mucho la atención.

Siendo él licenciado en Derecho, decía querer conocer y se interesaba por saber cómo es el día a día dentro del cuartel, cómo vive la tropa en el interior del mismo, cómo se lleva el personal entre sí, cómo son sus actividades, cómo los tratan los mandos ahí dentro, qué piensa el personal militar en tal o cual situación y, por ende, cómo es el equilibrio de todos los aspectos, como son la familia, la población, la franquicia, el deber, la comunión y coordinación con otras autoridades o dependencias.

Me cuestionaba mi amigo acerca de ello, y cómo hacíamos que todo se compaginara para no volverse loco. A mi vez le comentaba que, sin lugar a dudas, el amor a nuestro uniforme y a la patria, así como el respeto a nosotros mismos y a nuestras familias, fueron algunos aspectos muy importantes para que, muchos compañeros al igual que yo, hubiésemos cruzado el pantano sin mojarnos.

Sí, pues logramos vencer los demonios de la codicia y ambición, pudimos apartarnos de los embates de la corrupción avasallante que en todos los tiempos y niveles ha existido. Conseguimos eludir y nos abstuvimos de la tentación a los vicios y dinero mal habido, fantasmas siempre latentes.

Este gran amigo me confió que muy dentro de sí, tuvo el deseo abrazador de pertenecer también al glorioso ejército mexicano; siempre fue su más grande sueño, pero por azares del destino, presiones familiares, etc., se enfocó al estudio del Derecho, instaló su propio Despacho, se dedicó al litigio y cuando volvió su vista atrás, los años ya habían transcurrido, la edad se le había pasado.

Sin embargo, un general del ejército, muy amigo de él, le ofreció ayudarlo y acomodarlo como auxiliar del Ministerio Público Militar de una Guarnición Militar de por acá del norte de México, con un grado de capitán segundo de Justicia Militar; sin embargo, los compromisos de trabajo de los casos que tenía pendientes en su despacho lo reclamaban y, por ética profesional, no podía renunciar a ellos o dejarlos "botados", por lo que su sueño se había truncado y nada pudo hacer ya.

Ahora, ya completamente realizado como padre y abuelo y como todo un profesionista e impartidor del derecho en todas sus ramas, él deseaba escuchar de mí, conocer de mí, ver y oír por mi conducto... Vivir en mí en pocas palabras. Sí, quería palpar, sentir todo aquello que anhelaba y que nunca pudo en su momento realizar; pues Dios y sus designios lo llevaron por otro sendero diferente. Y es ahí donde nace la idea de escribir mis humildes memorias.

Tal vez haya por ahí alguien, varios o muchos más que se identifiquen con mi amigo en referencia, porque quisieron y no pudieron, porque lo intentaron y no se les dio, o por qué estuvieron y, por algún motivo, tuvieron que "abandonar el barco antes de tiempo".

Sí, aquellos que, por motivos personales, o cuestiones familiares que en su momento perjudicaban sus intereses y los designios de Dios, no les permitieron enrolarse, darse de alta y portar el hermoso uniforme verde olivo. Nunca supieron lo que es, vivir y experimentar todas las de cal y arena, lágrimas y risas, glorias y reveces, que nos da... la Carrera de las Armas.

O tal vez, aunque muchos nunca lo aceptaran, carecieron de un espíritu aventurero, muy necesario para pertenecer y adaptarte al ejército mexicano. Pues a veces es más fácil estar en casa, "navegar con mi banderita", vivir, comer y gozar de lo que consiguen mis padres, que aventurarme a darme de alta en el Ejército, en el cual, ni siquiera sé cómo vendrá, cómo es o si lograré o no integrarme en él.

Quizás a criterio de algunas personas, el contenido de este libro pueda parecer algo "trillado" o muy leído. Y para los grandes escritores de literatura de renombre, solo sea algo "muy" sencillo, escrito por un principiante, y... ¿saben qué? Curiosamente... ¡están en lo cierto, solo soy un principiante aficionado a la escritura!

Pues esta sencilla obra no tiene nada que ver con las obras de grandes novelistas, escritores, dramaturgos, poetas, etc., a quienes les brindo todo mi respeto y admiración profunda. Esta obra está redactada de forma que no tiene un lenguaje que derroche elocuencia, plasmada en las letras o que tenga un sentido muy rebuscado.

Solo nace así, naturalito, como si en persona se los estuviese platicando; sentados ante una cerveza bien fría, en una tarde calurosa o una taza de un oloroso y exquisito café de olla, en una fría noche de diciembre, escuchando de fondo baladas románticas clásicas, pero interpretadas con saxofón.

Por consiguiente, pido con mucho respeto a todos ustedes que, por favor, no sean tan crueles, cuando después de leerme, me evalúen, califiquen y juzguen. Su servidor, un amateur de la escritura, efectivamente... un principiante; ese alguien que nunca se imaginó siquiera atreverse a escribir esto, pide aquí, su comprensión.

Para el efecto de esta sencilla obra, no hago uso de títulos que nunca tuve, como licenciado, ingeniero, arquitecto, etc. Solo soy alguien que, con su humilde educación secundaria terminada, alcanzó el grado de sargento primero del arma de Caballería en el glorioso Ejército Mexicano y que hoy, solo externa y plasma algunas de las anécdotas más sobresalientes que le acontecieron dentro del servicio Activo.

Todo esto, sin el afán de ofender, lastimar o denigrar a nadie, mucho menos manchar al Instituto Castrense. Sin embargo, hay en este libro un detalle, que diferencia esta de otras obras (no de todas): que todo es en un 98 % real; nadie me lo contó, lo viví, lo sufrí, lo lloré o lo gocé hasta el límite.

El dos por ciento restante se lo doy a algunos datos como fechas que no recuerdo exactamente, nombres de lugares que se han omitido, nombres o apodos de personas omitidos o cambiados por seguridad y respeto a la privacidad de los interesados.

Así pues, adopté como mi familia, encuadrado entre la tropa, a esos hombres de a caballo, aquellos que muy a su pesar, tiempo después serían alcanzados por la modernidad de los tiempos, pues después se les motorizó. Así es, se nos ministraron vehículos a motor. Aquellos hombres que vi llorar y lloré junto con ellos.

Primero, cuando los caballos, compañeros de lucha de esfuerzo, de maniobras y de todo un día a día juntos, fueron vendidos en lote completo quizá, o llevados al Criadero Militar de Santa Gertrudis, Chihuahua. Nunca supe cuál fue la verdad porque ya no rendían lo mismo que antes. Habían llegado los Hummers.

Después, tras estar esperando con ansia la ministración de uniformes nuevos, estos llegaron, sí, pero ya no eran de montar... eran de **PIE A TIERRA**, de los utilizados por nuestros hermanos del Arma de Infantería. Sí, ya no había caballos, se extinguieron los uniformes de montar, y varias veces tocó que me sorprendieran acariciando las botas de montar u observando embelesado el uniforme verde olivo, colocándole las hombreras con sus vivos color azul celeste (distintivo de la Caballería), los escudos dorados o bien, lustrando con franela y brasso los acicates dorados, hasta dejarlos completamente brillantes... mientras un par de lágrimas prófugas de mis ojos resbalaban rostro abajo. ¡Jamás volvería ya a vestir y lucir con gran orgullo ese hermoso uniforme verde olivo!

Esta situación en verdad nos llenaba de congoja, nos frustraba demasiado, pues era nuestra esencia, con ella nacimos al Ejército, a la Carrera de las Armas, al Regimiento... y hasta muchas veces nos juramos a nosotros mismos jamás abandonarla, pues el lema siempre fue, y es hasta hoy en día y será: "**NACER, VIVIR Y MORIR... SIEMPRE DE CABALLERIA**".

Sí, hablo de aquellos compañeros de vida, de trabajo a quienes les confiaba a ciegas y sin pensarlo, no tan poca cosa, simplemente... mi vida. Y me sentía responsable de la vida de ellos, pues eran mis amigos, camaradas, hermanos... mi familia.

Ahí, entre la Tropa, y al paso del tiempo, poco a poco obtuve algunos grados dentro de la Escala Jerárquica de la misma. En esta sencilla obra leerán ustedes, las humildes vivencias del suscrito, un soldado, durante su estancia por casi veintidós años en el glorioso Ejército Mexicano. Por lo mismo, se encontrarán ustedes con terminología militar, sencilla y franca, así como con palabras muy utilizadas en la jerga militar.

Sí, palabras mismas que, cuando no se conocen o no se está familiarizado con ellas, suenan extrañas, "chuscas" y, por consiguiente, te darán risa, pero es precisamente la finalidad de leer este libro, el conocer del tema de un "alguien", dentro del cuartel, ponerse en sus zapatos, familiarizarse y terminar disfrutando de él, conociendo con y por él y en pocas palabras... viviendo en él.

En esta obra, el suscrito estará narrando de forma muy sencilla y tratando de que sea entendible, algunos sucesos sobresalientes, que en un momento dado tuvieron lugar en los diversos capítulos de mi vida como militar en los diversos servicios desempeñados o escenarios, estando en Plaza o en campaña.

Cabe señalar, y reitero, que se omitirán algunos nombres, lugares y fechas o serán cambiados para proteger la privacidad de nuestro Instituto Castrense y de los interesados que participaron de una forma u otra de mis vivencias. Independientemente, en su momento, rara fue la vez que algún compañero participó en varias experiencias conmigo, ¿por qué? Por diversos motivos propios del Servicio, por vacaciones, permisos, cursos, escuelas, operaciones, deserciones y hasta defunciones, se nos cambiaba a menudo de compañeros.

Casi nunca coincidieron los mismos camaradas por mucho tiempo en una misma unidad, llámese esta escuadra, pelotón, sección o escuadrón; aunque todos pertenecíamos al mismo regimiento. El propósito que tiene el que suscribe, no es en ningún momento el de ofender o dañar a nadie, o de lastimar o manchar su imagen; sino por el contrario, escrito con todo el respeto del mundo para que la gente conozca los detalles que tiene la vida militar ahí dentro.

Ese lugar en el que orgullosamente estuve, mismo al cual muchos tuvieron miedo de ir, ese lugar que impone respeto y sumisión, y cuando se está acá en la vida civil, te atrae y, a la vez, te provoca querer salir corriendo y alejarte de él, pero también quisieras asomarte y ver qué hay dentro. Pero, aunque lo deseas y la vez le temes, no puedes asomarte más allá del umbral de la puerta, aunque esta permanezca abierta.

Queda de manifiesto que estaré hablando en primera persona o en plural porque en la mayor parte de mis vivencias, como supondrán, no anduve solo, sino encuadrado en mis diferentes unidades antes mencionadas. Cabe señalar que, dentro de todo trabajo o vida cotidiana, por lo regular en un momento dado de la misma nos cruzamos, caemos y hasta salimos en conflicto con esa habilidad, producto de la costumbre conocida como "rutina".

Nos despertamos a la misma hora, nos bañamos, afeitamos, uniformamos para el trabajo y, hasta en ocasiones a la misma hora, desayunamos por coincidencia quizá... lo mismo de días pasados. Viajamos en nuestro mismo auto o en transporte colectivo y vemos las mismas caras de ayer, checamos entrada a la misma hora y los mismos compañeros están ahí y el desarrollo de nuestras actividades, del día, serán iguales a las de ayer.

Tienes tu salida para comer a la misma hora, utilizas la misma mesa y los mismos compañeros te hacen compañía. Sacas tu lonchera y... ¡sorpresa!, lo mismo de "lonche" del día de ayer, solo que preparado hoy, por la "jefa" de la casa. Y el desarrollo de tus demás actividades del día serán igual, prácticamente las mismas de ayer y del día de mañana y el resto de tu semana.

Pues bien, les diré que una de tantas cosas bonitas de la vida militar, entre muchísimas más, radica en que curiosamente, aunque así parezca, nunca hay rutina. Hoy es un día muy diferente al día de ayer y mañana (si lo vives), será completamente diferente al de hoy. En apariencia, los días comienzan igual, pero ya van influenciados por los acontecimientos plasmados en los partes de novedades, verbales o escritos, que entrega el personal que desempeñó los diversos servicios el día de ayer.

Es por eso y más, que a estas alturas de los acontecimientos y porque se extrañan y añoran los viejos tiempos, se recuerda, se goza o se sufre nuevamente al rememorarlo y plasmarlo con letras. Y se pasa lista y revista mental de los rostros rudos, de quienes te forjaron el carácter, la apariencia física, aspecto moral e intelectual.

Aquellos que propiciaron un verdadero cambio en mí, pues me influenciaron ampliamente, los compañeros que hicieron inolvidable, de una u otra forma, mi vida. Hoy muchos de ellos, ya no están, se han marchado para siempre y, sin saberlo, ocasionaron que yo siga aquí.

Pues bien, aprovecho la ocasión y ofrezco a su recuerdo en esta obra, un humilde HOMENAJE PÓSTUMO a las memorias de esos héroes anónimos, olvidados, que vivieron luchando por un México mejor para mí como civil y ciudadano y para mi familia, para aquellos que incluso su deceso fue motivo de su trabajo, en actos del servicio, para favorecerme a mí como pueblo.

Sí, aquellos héroes a quienes nunca nadie les reconoció su esfuerzo, ni la entrega de sus vidas heroicamente por su pueblo, por México y su gente. Mil gracias de todo corazón, primero a Dios y después a ellos, sí, a los que ya descansan en Paz con el Padre.

Y también un sincero homenaje y mi profundo agradecimiento y respeto, a la gran mayoría que con beneplácito lo digo y lo celebro, pues aún están con vida. Aquellos grandes hombres que hoy se encuentran diseminados, a lo largo y ancho de la República Mexicana. Efectivamente, algunos de esos héroes fueron forjados a martillo, en el candente yunque de las escuelas militares.

Sin embargo, al salir de baja o retirados de las Fuerzas Armadas, sobre todo los procedentes de las Armas, sus esfuerzos realizados no les son reconocidos en el medio Civil por la SEP, pues sus certificados de estudios de la UDEFA (Universidad del Ejército y Fuerza Aérea) o Armada en su caso, carecen totalmente de equivalencia alguna, acá afuera.

Por lo que sus oportunidades son muy limitadas, aunque se hayan graduado con honores, ocupando los primeros lugares en planteles militares. Esos valerosos hombres de la "Vieja Guardia", que hoy desempeñan trabajos dignos, sí, pero con una precaria remuneración, y que nada tienen que ver con su gran preparación en el Instituto Castrense.

Algunos de ellos ofrendaron su juventud, su salud, su convivencia familiar a la patria e incluso, hoy se encuentran mutilados físicamente por algún acto del servicio. Sin embargo, la gran mayoría de ellos corrieron con "suerte", pues ahora disfrutan de una pensión que, aunque es muy onerosa, ayuda a sostener la situación familiar.

A esos valientes hombres de a caballo me refiero, pues muchos de ellos fueron parte fundamental de mi historia. Porque gracias a ellos, a sus consejos, enseñanzas y compañía en su momento, puedo hoy estar aquí, escribiendo... Mi vida entre la tropa. Es así, pues que entraremos de lleno a plasmar las anécdotas de su humilde servidor.

I • UN SUEÑO DE NIÑO

Creo que me darán la razón, que muchos proyectos, desde los muy pequeños, los medianos y los grandiosos que muchas veces se consiguen en la vida, y son producto del trabajo, el esfuerzo, la dedicación, constancia, etc., la mayoría de las veces comienzan así; simplemente, partiendo de un sueño que cuando despertamos, nos parece algo inalcanzable, pero por lo pronto ya se nos hizo una fijación mental, ya lo estamos "cocinando" en la cabeza.

Así comienza todo, cuando niño en mi pequeño pueblito: El Rodeo de Guadalupe, del cual tengo muchos y muy gratos recuerdos, propiciados en su momento por su muy querida gente a quien recuerdo con mucho cariño y espero volver algún día para recordar y reír con ellos nuevamente.

Como el Rodeo era un pueblo chico, no había todos los servicios indispensables, por lo que teníamos que trasladarnos en autobús a otro pueblo, ubicado como a quince minutos del Rodeo (en vehículo), llamado Atequiza, Jalisco.

Un buen día, mi madre me llevo a Atequiza, y sería mentir decir que recuerdo el motivo por el cual nos trasladamos allá. El caso que, al regreso, abordamos el autobús el cual se encontraba repleto de personas, por lo que nos tocó ir parados en el pasillo. Yo iba agarrado de la mano de mi madre, mientras ella tomada del pasamanos, hacía descansar su bolsa de ixtle con algunas mercancías para la comida, en el pasillo, en medio de sus pies.

Tras avanzar el autobús, tal vez unos cincuenta o setenta metros, mi madre tiró de mi mano, se sentó e hizo lo propio conmigo en sus piernas y pude percatarme que el hombre que le había cedido el asiento con mucha caballerosidad era un hombre vestido de verde olivo.

Perfectamente afeitado y corto de pelo, con una gorra negra de paño con una escarapela tricolor del tamaño de una moneda a la altura de la frente, y bajo esta, unos vivos en color azul celeste, idénticos a los que portaba en cada uno de sus hombros. En su cuello se observaba que vestía una camiseta de cuello alto de un blanco impecable.

En el cuello de su guerrera lucía unos escudos brillantes de dos sables cruzados, con un casco de gladiador al centro. En su brazo izquierdo a tres dedos aproximadamente bajo la costura de la hombrera, un escudo azul, con una bandera tricolor en diagonal y letras y números dorados. Calzaba unas botas negras, altas, casi hasta las rodillas y completamente lustradas (en exceso), con unos acicates dorados sumamente brillantes.

Como se imaginarán, aquel niño de tan solo cinco años que descansaba en las piernas de mamá iba embobado, viendo de arriba hacia abajo a aquel hombre que, al darse cuenta, me sonrió y me acarició la cabeza; se percató que lo miraba con mucha insistencia (demasiada, diría yo).

Finalmente, llegamos a nuestro destino, descendimos del autobús y comenzamos a caminar rumbo a casa. Tras caminar un buen tramo de camino, tomado de la mano de mi madre, en silencio y cabizbajo, levanté de pronto la mirada hacia el rostro de mi madre, y pregunté:

—**Mamá, ¿qué esh eshe sheñor que iba en el camón?**

A lo que mi madre sonriendo, pues sabía a quién me refería, contestó:

—**Es un soldado.**

A lo cual bajé mi vista al frente y tras caminar varios pasos en silencio, regresé mi vista hacia su rostro y le dije:

—**Mamá; cuando shea gande, también voy a sher un shayo** —refiriéndome al soldado que, sin saberlo, fue como un molde e inspiración para mí.

Ese acontecimiento que tanta impresión me causó y que siempre a menudo recordaba con mi mente de niño, fue de donde nació mi sueño que después me llevaría a integrar el glorioso Ejército Mexicano.

Cabe aclarar, que este pasaje de mi vida, y así como lo he narrado, me lo contó mi madre algún tiempo después. Por mi edad

de aquel entonces, entre cinco o seis años quizá, tal vez por mi cuenta, nunca lo hubiese recordado).

Pero también quizá era ahí donde el destino ya me estaba indicando el derrotero de vida que debería tomar. Ese sería mi molde a seguir, mi ejemplo, la musa que me inspiraría de ahí en adelante para basar mis juegos y aspiraciones a futuro.

II • SOLO UN JUEGO

A lo largo de la vida de todo ser humano, existen pasajes, capítulos y vivencias muy significativas que en un momento dado nos forman la apariencia física, moral, intelectual, etcétera. Nos forjan el carácter y algunas veces hasta nos afectan psicológicamente, desafortunadamente algunas veces es negativa esa influencia.

En mi caso y, sin duda alguna, aquel pasaje de mi vida, sí, querido lector, me refiero al hecho de haber visto a aquel hombre uniformado en el autobús, donde acompañando a mi querida madre viajábamos en el justo momento en el que aquel caballero que derrochaba gallardía coincidió con nosotros para hacer posible aquel fortuito y afortunado encuentro.

Sí, sin lugar a dudas ese acontecimiento me marcó de manera muy significativa, pues a partir de ahí, mis juegos con mi hermano un año menor que yo y mi hermanita, menor que mi hermano en referencia, en ocasiones eran de armas, de bandidos y, curiosamente, a partir de ese encuentro fueron también de **militares.**

Muy a menudo, prácticamente desde el amanecer hasta casi la hora de la comida, habilitábamos palos o ramas de juncos que crecen a lado de los arroyos como armas y correteábamos descalzos por las veredas y un arroyo seco que corría al lado de la casa donde vivíamos. Solo deteníamos el juego para acudir al grito de "niños, a comer" que nos gritaba, valga "la", mi madre.

Realmente era divertido, aunque no contábamos con los juguetes sofisticados de estos tiempos. Y ni qué decir de la televisión, pues por nuestra precaria situación, vivíamos en una casita muy humilde a las afueras del pequeño pobladito, o más bien ranchito; ubicada al lado de la carretera que conduce hacia Guadalajara. Casa misma, que era prestada, construida de block y teja, sin puertas ni ventanas. Y, efectivamente, adivinaron... no teníamos luz eléctrica. Nuestro suministro de agua potable nos lo ministraba un pozo que mi padre construyó.

Pues bien, después de la comida, volvíamos al campo a continuar con el juego. Ahí el sargento montado en su caballo negro (realmente era un palo de escoba), se lucía al máximo impartiendo la justicia, salvando inocentes y encarcelando al delincuente. No pocas veces salía herido en esas operaciones ficticias, pero por lo regular salía triunfante.

Ahí en esos juegos, mismos que comenzaban por la mañana y culminaban al caer el sol, yo era El Sargento, pues curiosamente no me atraían (independientemente de que no conocía mucho, aunque rara vez los había escuchado) otros grados como teniente, capitán, mayor, coronel, etc. Y quién iba a decir que años, sí, muchos años después el suscrito se pasaría una buena parte de su servicio militar ostentando el grado de sargento segundo de Caballería y, al final, me retiraría honrosamente del Ejército mexicano con la jerarquía máxima del escalafón de los individuos de Tropa: **sargento primero de Caballería**. Algo curioso, querido lector, ¿verdad?

III • NO HABÍA OPCIÓN

Sin duda alguna, muchas veces la muerte de algunos representa un gran acicate o motivo para la continuidad de la vida de otros. En esta parte de mi relato, les hago mención que a mis escasos once años, mi hermano mayor Eusebio Juan, de veinticuatro años de edad, falleció en un fatal accidente, y eso me deprimió mucho, pues ver sufrir a mi madre era muy doloroso para mí.

Es ahí cuando necesitas el consuelo que muchas veces no tienes en casa, pues todos estamos con la misma pena a cuestas y no podemos reponernos de ella. No se puede levantar a un hermano mientras uno mismo está en el suelo, caído y sin fuerza para seguir adelante.

En mi salón y grupo de clases de la primaria, todos éramos compañeros y se puede decir que amigos, sin embargo, es en los momentos difíciles donde el agua se parte del aceite y salen a flote quienes en verdad te acompañan en todo momento y la verdad es triste decirlo, pero son muy pocos.

De la gran cantidad de amigos que éramos del grupo, aproximadamente catorce o dieciséis, solo uno, a quien llamaré Serafín, "el Chopo", fue el único a quien hasta hoy le estoy profundamente agradecido, pues fue mi pañuelo de lágrimas, quien me motivaba incluso a comer. En todo momento, día y noche hasta el funeral, estuvo conmigo y con mi familia para todo lo que se ofreciera. Hasta hoy en día tenemos una muy estrecha, bonita y fraternal amistad.

Fue ahí, en ese momento aciago, que valoré a ese amigo y, a partir de ahí, lo consideré mi hermano, pues compartió conmigo mi pena y no solo como un cumplido, pues lloró junto conmigo mi pena y eso no tiene precio y, por consiguiente, no se paga con nada.

¿Por qué mi comentario al principio de este capítulo? Pues verán, estando mi hermano Juan en cuerpo presente durante su velorio, me acerqué a él y solemnemente le hice el juramento de que yo continuaría su obra o, mejor dicho. El sueño que él tenía. Meses antes de su fallecimiento, me hizo el comentario de sus planes en una amena charla entre los dos, mientras descansaba de su jornada laboral y comía los alimentos que yo le había llevado, preparados por mi madre.

Dicho sueño de ese entonces, consistía en comprar un terreno y construir una casita para nuestros padres, para que ya no anduvieran rodando de un lado para otro en casas prestadas, pues no alcanzaba el sueldo de mi padre y el de él mismo ni siquiera para pagar una renta en forma y tener mejores condiciones de vida.

Es por esto que estaba yo más que motivado a mejorar mi situación futura para poder cumplir mi promesa y, aunado a que como ya les comenté, me atraía demasiado el Ejército. Pensaba que esto me catapultaría hasta obtener el triunfo y culminación del sueño de mi hermano fallecido. Hago hincapié en todo esto porque no puedo escribir mis vivencias en mi carrera militar hasta alcanzar el final de la misma, si no hago del conocimiento de ustedes dónde y cómo se originó todo esto.

Pasaron varios años y las épocas escolares continuaban encima y, entre primaria y secundaria, coseché varios logros, pues afortunadamente para mí y orgullosamente para mi madre, mi padre y demás familia; mi coeficiente intelectual, era bueno, lo que me llevó a obtener algunos diplomas y felicitaciones por parte de maestros, administrativos y conocidos de la familia (por no decir el pequeño pueblo entero, donde todos nos conocíamos), gracias a mis logros académicos.

Fue al culminar la educación secundaria que mi madre me llamó y me dijo:

—Hijo, ¿qué quieres estudiar?

Y realmente haciéndome el sorprendido, le contesté:

—¿Estudiar? ¿Quién habla de estudiar, mamá? Yo estoy un poco cansado y deseo descansar del estudio y trabajar para conseguir dinero para la casa.

Todos los que somos padres o las que son madres, sabemos que un hijo casi nunca nos puede sorprender, pues inmediatamente sabemos cuándo miente, cuándo sufre, cuándo está contento, etc. En este caso mi madre, comenzó a llorar y me dijo:

—Hijo, tú a mí no me puedes engañar. Sé que tú deseas estudiar, pero no me lo dices porque sabes que tu papá gana muy poco y estará difícil el comprar libros y pagar pasajes de autobús y el lonche de diario, sin embargo, quiero que sepas que estaré dispuesta a trabajar, aunque tu padre se oponga (mi padre era muy conservador, chapado a la antigua, y para él era casi una ofensa el que alguna mujer de la casa trabajara), para que tú estudies, aunque sea una carrera corta.

—No, mamá, le repito que quiero descansar y trabajar para reunir una cantidad de dinero y el próximo periodo escolar seguir mis estudios.

Con este comentario y como sonaba algo muy lógico, mi madre se tranquilizó y pregunto:

—¿Ya pensaste donde trabajaras y cómo le harás para reunir el dinero que necesitas?

A lo que respondí:

—Sí, madre, he estado pensando. Existen dos opciones: la primera es irme de mojado a los Estados Unidos con mi hermano y trabajar un año. La segunda, es darme de alta en el Ejército por tres años, darme de baja y seguir estudiando.

Mi madre se quedó fría, pues tanto una opción como la otra le aterraba; pues mi hermano diez años mayor que yo, tenía casi el mismo tiempo en Estados Unidos de América, y solo una vez había venido. Mi madrecita, dijo:

—Hijo, me estás poniendo las cosas muy difíciles, pues tanto una cosa como otra me asusta. Si vas al "otro lado" pasará lo de tu hermano, te gustará y jamás regresarás a quedarte aquí con nosotros; si te das de alta, te irás por mucho tiempo y día con día estaré con la zozobra de pensar que te pueden matar y además ahí se hacen muy viciosos.

Esa idea se quedó hasta hoy en día anclada en muchas personas mayores, gracias a algunos integrantes de los Ejércitos de antaño, en tiempos de la Revolución e Independencia Mexicanos. Pues según relatos de mi padre, nacido en 1915, los militares de esas épocas, cuando llegaban a los pueblos, se relajaban, y se les veía embriagarse y, por lo regular, andaban sucios y mal olientes, por el exceso de trabajo y el andar a “salto de mata”, con barba y, ya fuera a pie o a caballo, llevaban a cabo sus operaciones en el campo.

Se llevaban mujeres y jovencitas por la fuerza y, según esto, en ocasiones las regresaban embarazadas. En otros casos, sus familias ya jamás volvían a saber de ellas, y se rumoraba, que los captores al cansarse de ellas, simplemente las asesinaban.

—Madre, dije: “en el caso de que decida usted dejarme dar de alta”, ¿acaso no confía en mí y en mi palabra de que me portaré bien, para que usted se sienta orgullosa de mí? Además, usted cree que, siendo una institución tan prestigiada y muy moderna, ¿permitirán que sus integrantes se estén drogando o enviciando? Incluso, si yo fuera otra cosa, ya me hubiese enviciado, pues en la secundaria me ofrecían (cosa que efectivamente es cierto, pues nunca falta el “gran amigo” que te quiere enviciar para que después seas su consumidor número uno).

Pues bien, como se darán cuenta, mi madre estaba ante una gran encrucijada donde no tenía elección; o era una cosa u otra. Además, para tranquilizarla, comenté:

—¿Cómo si me dio permiso para ir a presentar examen para el colegio?

A lo que respondió:

—Pero eso es otra cosa.

No contesté, es lo mismo, solamente que en el colegio estudiaría primero y después ejercería, aunque sin arriesgar tanto. En esta parte de mi relato haré un paréntesis para narrar brevemente lo que sucedió, poco antes de terminar la educación secundaria.

Tras enterarme de la convocatoria a los planteles militares por dos entrañables amigos, de los que se consideran casi hermanos, pues en todos los momentos de tu vida están ahí; nos pusimos de acuerdo y acudimos a la Base Aérea de La Mojonera en Guadalajara a solicitar información para ingresar al Colegio del Aire, eligiendo la carrera de Despachador y Controlador de Vuelos, pues solo era en aquel entonces con secundaria terminada y se culminaba la carrera en tan solo tres años.

Y para no hacerla tan larga, fuimos a presentar examen a la Ciudad de México, y por no conocer la Ciudad y la dificultad con el transporte colectivo, llegamos quince minutos tarde después de la hora que se había indicado para los resultados, motivo por el cual no se nos quiso volver a leer la lista de los que quedaron selectos para realizar el curso. Gran frustración, pues nunca supe siquiera si había quedado en listas o no. Volviendo a la conversación que sosteníamos mi madre y yo, preguntó:

—Y a ti, ¿qué te gustaría más hacer?

A lo que sin un solo titubeo respondí, aspirando fuerte y plenamente convencido:

—**QUIERO SER MILITAR.** Así haré que se sienta orgullosa de mí y cada que me dejen, vendré a verla y traerle dinero para que la situación aquí en casa sea mejor.

—Hijo, y ¿cuándo te irías? —preguntó nuevamente llorando.

—No sé, quiero trabajar todo este año y ahorrar un poco para comprar las cosas que me pidan ahí.

Mi madre solo guardó silencio y como queriendo fundirme en ella para siempre y compensar los tiempos que no podría hacerlo, me abrazó entre sollozos. Ya no había opción, la suerte estaba echada y la moneda en el aire.

Así es, querido lector; mi madre, esa gran señora de la cual nací, no tenía más opciones, solo dos. Lo peor era como ya lo dijimos, cualquiera que eligiera, le dolería en el fondo del alma. Yo por mi parte, aunque aún eran solo planes, ya desde este momento me sentía con toda la ilusión de llegar a hacer realidad un sueño tan fervientemente acariciado, pero también me ponía a pensar en el dolor que ocasionaría a esa señorona a la cual amo tanto; ayer materialmente y ahora en espíritu, pero la sigo amando como nunca a nadie.

Sin embargo, me consolaba que, pues no era yo un todopoderoso, y como desde en aquel entonces muchos de mis actos, ya los movía la fe en Dios que siempre me inculcaron mis viejitos y que hasta hoy en día profeso, pues sabía que solo él tendría la última palabra; si mis planes me saldrían a pedir de boca, como yo los conceptuaba o los estaba planeando.

O si todo se diluyese como humo con el fresco viento y, al final, fuese a terminar envejecido por el arduo trabajo de jornalero en mi hermoso y pintoresco pueblito: **El Rodeo de Guadalupe, Jalisco.**

IV • PRÓFUGO DEL CAMPO

Fue así como, a partir de mi separación de la "palomilla" de la secundaria (pues muchos de ellos si continuaron su educación preparatoria), comencé a trabajar en la zona industrial muy cercana a la Ciudad de Guadalajara, en una fábrica de tubos, postes, etc.; donde me trasladaba en compañía de uno de mis mejores amigos, mismo que al igual que yo, no siguió estudiando y a bordo de nuestras flamantes bicicletas, nos dirigíamos a diario al trabajo.

Pero como nunca falta quien te agarra de "su puerquito" por ser un novato inexperto; un supervisor me hizo la vida de cuadritos y para no tener más roces con él renuncie, consiguiendo un nuevo trabajo en mi comunidad como regador de una plantación de fresa; propiedad de unos hermanos de nacionalidad inglesa. Estuve ahí alrededor de casi un año.

Me iba super bien, en ocasiones hasta tiempo extra se me pagaba, pues se tenía que terminar de regar tal o cual parcela, para que, al siguiente día, entrara el personal de mujeres a realizar la cosecha. Fue estando ahí que un conocido de la familia, que por razones laborales se encontraba en mi comunidad, pero que radicaba en una pequeña ciudad en la ribera del lago de Chapala, me comentó que tenía un primo que era militar y le había comentado de la gran necesidad de personal que había en el cuartel.

Entre platicas, nos pusimos de acuerdo para que Él, quien era de toda la confianza de la familia, se diera de alta junto conmigo. Mucho tiempo después, una de mis hermanas me comentó que, en verdad, él nunca quiso darse de alta; pero que, entre mi madre y ellas, en ese entonces solo tres de mis hermanas, pues una ya era casada y vivía aparte, le habían "picado la cresta" a ese amigo, para que se diera de alta conmigo, retándolo, diciéndole que tenía miedo.

Ellas se sentían más seguras de que el me cuidaría estando ahí dentro. Él por su parte, presionado y para no quedar como un cobarde, simplemente aceptó. Aunque, como no era su vocación, solo unos ocho meses después de graduarnos del infierno, desertó. Nunca supe más de él.

El comentario de la necesidad de personal en el cuartel, como supondrán, me movió el tapete y por su conducto comencé a investigar los requisitos para el alta y me di a la tarea de reunirlos. Aunque el ambiente de trabajo ahí en la plantación de fresa con Jimmy y su hermano inglés era tranquilo, no me hacía a la idea de hacerme viejo ahí sin siquiera haber intentado hacer realidad mi sueño de niño, ¡quería huir, abandonar el campo! Dejar de ver los mismos cerros de diario, los cuales circundaban la comarca.

Por eso, el reunir los requisitos para dejar el campo, fue cosa que no se me dificultó, pues prácticamente tenía todo en regla. El único y gran problema era que solo contaba con diecisiete años, solo era... una "cría". Después se me haría saber que, con un consentimiento firmado por mis padres, bastaría para suplir el requisito de la mayoría de edad.

Ahí estaba la oportunidad de salir "por piernas" de mi pueblo, prófugo del machete, de la pala, de las botas de hule, del sudor y las jornadas día a día bajo el rayo del sol, sí, del campo; del ser campesino, huir de ahí, de ese trabajo y convertirme en un prófugo de los jornales, tal vez para siempre. Solo Dios y el destino lo dirían.

V • CONOCIENDO EL CUARTEL

Pues bien, el motivo principal de escribir esta obra da inicio aquí. El día que solicité permiso en mi actual trabajo para trasladarme a llevar documentación al Cuartel (nunca di conocer al mayordomo de mi trabajo, ni a nadie ajeno a mi familia, el motivo real de aquel permiso; pues consideraba la posibilidad de que me rechazaran, o que no cubriera el perfil que fuese requerido. Pero en mi mentalidad, albergaba la esperanza de que me quedaría, aunque solo fuera para lavar baños, pero eso sí, ¡uniformado de verde olivo!

Realmente, no se puede describir, redactar y darme a entender, o por lo menos yo no sé hacerlo, el sentir al pisar por primera vez el umbral de la puerta de acceso a aquel Cuartel Militar, motivo de mis fantasías, juegos de niño y sueños que ocuparon muchas de mis noches. Al aproximarnos a la entrada principal del campo, observamos dos vigilantes, uno apoyado en la "pluma metálica" y el otro, dentro de una casetita circundada por ventanas de cristal. Al aproximarnos, el soldado le grito al cabo de turno...

—Cabo de Turno.

—¿Qué ocurre?

—Guardia, grupo de gente (coincidieron con nosotros otras tres personas más que acudían al Cuartel con sus asuntos personales).

El cabo de turno abandonó la pequeña caseta y se dirigió a recibirnos, indicándonos por dónde y a quién dirigirnos en la Guardia en Prevención donde nos iban a recibir. Caminar los casi setecientos metros por una calzada perfectamente pavimentada, en medio de muchos pinos enormes que proveían de sombra, para llegar a la Guardia en Prevención, fue como dicen que se siente cuando vas avanzando rumbo al altar, donde te encontrarás con la novia para contraer nupcias (nunca Dios me permitió experimentarlo, solo él sabrá por qué)

Al arribo a la Sala de Guardia en Prevención, nuevamente gritos similares a los de la puerta principal de acceso al Campo Militar surgieron. Se nos preguntó el motivo de nuestra visita al cuartel por parte del cabo de turno y, al escuchar el sargento segundo, segundo comandante de La Guardia en Prevención, quien se encontraba como a diez pasos de nosotros; que queríamos ingresar al ejército, el sargento dirigiéndose al cabo le dijo:

—Cabo de turno.

—Ordene, mi sargento.

—Te hago responsable que esos elementos que traen documentación para alta, no se retiren y mándale a hablar al sargento reclutador y al dactiloscopista, para que se presenten aquí a atenderlos.

—Enterado, mi sargento.

Se nos invitó a sentarnos en la palapa para visitas y, en poco tiempo, ya estaban ahí el reclutador y el dactiloscopista. Tras un breve interrogatorio y preguntar nuestros generales, se nos recogió la documentación y se retiraron a elaborar nuestras solicitudes de alta. Como a los quince minutos se acercó a nosotros un soldado y nos dijo:

—Hey, aspirinas, vengan conmigo.

Claro, se refería a nosotros. Después nos daríamos cuenta de que el mote de "aspirinas" es lo que se usa en el medio, como sinónimo de aspirantes.

Bajo la mirada escrutadora de todo el personal, integrante de la Guardia en Prevención, fuimos conducidos ni más ni menos que ¡al comedor! Se nos hizo sentarnos en una mesa que después sabríamos es donde comen los jefes; salió un cocinero uniformado, muy pulcro y amablemente no comenzó a servir un delicioso guisado, sopa aguada, postre, ensalada de verduras, un coctel de frutas, limonada con hielos, tortillas y pan blanco.

Veía a mi compañero en forma interrogativa, pensando que se habían equivocado y esa comida sería para alguien más ajeno a nosotros. Pero surgió la voz de alguien que, al volvernos a mirarlo, vimos que era un hombre uniformado con tres estrellas en sus hombreras y en su tocado (gorra) que llevaba en su mano; mismo que nos dijo:

—¿Que jóvenes, es que no tienen hambre? Vamos, coman, queremos hombres fuertes y sí, prácticamente ya son parte de mi regimiento, esta es como su bienvenida.

¡Era ni más ni menos que el coronel de Caballería comandante del ¡tercer regimiento de Caballería Motorizado y lo dicho por él nos transportó a las estrellas! ¡Ya casi estábamos adentro! Dicho esto, se dio la vuelta y se fue, saliendo del comedor hacia el patio principal.

Cuando casi terminábamos la comida llegaron nuevamente los militares de los trámites y firmamos la solicitud de alta, colocamos nuestras huellas y se nos dijo que en ocho días deberíamos estar ya de regreso con útiles de aseo personal y dos cambios de ropa civil, para ya quedarnos internos, y esperar fecha para la concentración al Adiestramiento Básico Individual.

El volver a casa con las novedades fue entre nubes, pues en tan solo ocho días comenzaría a hacerse realidad mi sueño tan anhelado. Con cierta nostalgia, veía mi casita humilde, el campo, los árboles que fueron mudos testigos de mis juegos de niño, en fin, todo mi entorno.

Recordaba mi pueblecito, sus calles empedradas, su gente, mis amigos y, por primera vez, un par de lágrimas asomaron a mis ojos, dejaría de ver todo eso... en tan solo ocho días. "Cambiaba mis huaraches por las botas tres hebillas", como lo decía aquella porra o arenga militar que se cantaba al desplazarnos al paso veloz durante la Educación Física.

Sí, ya estaba decidido... dejaría mi hogar paterno y familiar para adoptar otra familia, dejaba mi humilde casita prestada por las fastuosas e imponentes instalaciones del glorioso **¡tercer regimiento de caballería motorizado!** ¿Quién me diría en ese entonces que toda mi corta carrera militar de casi veintidós años se la entregaría a esa unidad militar que hoy me abría sus puertas?

VI • TODO EN SECRETO

Al volver con las buenas nuevas en casa, todo fue una algarabía triste por haber sido aceptado, pero a la vez porque significaba el hecho de salir de casa, tal vez por mucho tiempo y para siempre. Sí, la familia perdía un miembro más (cuando cursaba el quinto grado de escuela primaria, falleció mi hermano Juan en un accidente carretero).

En mi trabajo en "la fresa", solo algunos compañeros supieron que en menos de ocho días renunciaría, mas a nadie le dije a donde iría. Mi versión fue que comenzaría a trabar con mi hermano mayor en una carpintería en Guadalajara.

Anteriormente, en los ranchos como el mío, los padres amenazaban a los hijos cuando tenían un mal comportamiento diciendo:

—Si continúas con esa maña que tienes de... (mencionaban la falta o algún vicio), te llevaré con los soldados a que te den de alta, y te levantarán a las cinco de la mañana a bañarte con agua fría.

Por mi parte, los días siguientes antes de presentarme al Regimiento, me la pasaba pensando en eso; ¿sería que si se levantaban tan temprano? ¿El agua tendría hielo? ¿Y si no aguantaba lo firme de la disciplina? Y recordé las palabras de mi padre, cuando al decirle que me daría de alta me dijo:

—Está bien, hijo, ¿pero ya pensaste dos veces lo que vas a hacer? ¿Y si no aguantas ni una semana? Esa duda de mi padre me "caló" muy hondo y aspirando suficiente aire le respondí: —Padre, todo está pensado y decidido, no creo en realidad que esos militares que se encuentran en los cuarteles sean mejores personas que yo, o unos superhéroes. Usted con sus enseñanzas me forjó a tener decisión sin miedo, y si en las escuelas ya lo hice y dejé historia, haré lo propio en el Ejército y con Dios como estandarte, ¡daré muestra a todo el pueblo que sí pude!

Sin embargo, a solas cavilaba y guardaba la posibilidad de tener que regresar, como dicen en el rancho, "con la cola entre las patas, por ello mantendría mi reclutamiento en completo secreto, y todos en mi rancho seguirían con la mentira de que trabajaba de carpintero en Guadalajara.

Todo esto teniendo en cuenta también que, en un pueblecito como el mío, mi Rodeo de Guadalupe, toda la gente se conoce y, como dicen por ahí: "Pueblo chico, infierno grande". Todo se sabe y claro está, lo que se sabe corre como reguero de pólvora.

Todos saben todo, más lo que se va generando de la cosecha de cada uno que cuenta el tema del día. Todos ponen su granito de arena y se va haciendo la bola de nieve, más y más grande. En virtud de que nuestra familia siempre nos habíamos mantenido al margen de los chismes o mitotes del pueblo (o eso creemos).

Pues bien, a mí me daba cierta fobia "regarla", darme de alta, no aguantar y, por consiguiente, ser la comidilla de la totalidad del pueblo. Esta era la causa por la cual tenía y debía de mantener todo lo referente a mí, hasta en ese entonces posible alta y permanencia en el Activo del Ejército mexicano. Todo debería estar por detrás de la cortina, para evitar todo tipo de "desinformación nociva".

VII • ADIÓS A TODO

Por fin era viernes, y ya el lunes debería estar presente en el cuartel. Fue laboralmente hablando uno de los días más largos de mi estancia ahí, todos me estimaban y sobra decir que ya había avisado de mi salida de ahí, justo ese día era el último.

Observaba todo y a todos y quería guardarlos en mi mente, hasta la cosa más insignificante quería llevarla en mi mente, pues pensaba y en realidad así fue, que nunca volvería a ver, tal o cual cosa de ahí, de ese lugar donde durante casi un año estuve trabajando casi a diario.

El fin de la jornada laboral llegó, y como todos los sábados nos reunimos en la casa principal que era habitada por el encargado de la plantación de fresa, y comenzaron a pagar los haberes a todos y cada uno y contrario a todos los fines de semana, al recibir el pago, nadie se retiró (supongo que ya tenían indicaciones al respecto). Cuando por fin y en último lugar se me llamó a mí, Don Rodolfo, el encargado, hablo diciendo:

—Un aplauso a nuestro compañero que este día fue su último de trabajo con nosotros, se va a buscar nuevos horizontes y ya le dije que tal vez dos o tres semanas y vendrá corriendo a solicitarme trabajo nuevamente —diciendo esto último con una amplia sonrisa en su rostro, muy raro en él, pues era muy serio. Y continúo diciendo—. "Realmente es hasta triste el despedirnos de alguien como el que sabe ser muy buen compañero, respetuoso obediente y trabajador, pues como a todos siempre los observo y nunca lo "caché" en algo malo".

A continuación, vinieron los patrones y me saludaron, se despidieron y en un español muy "mocho" me dijeron que ahí estaba mi trabajo para cuando quisiera regresar, entregándome un sobre con una buena liquidación, para aquellos tiempos por mis servicios prestados a la plantación.

Luego, vinieron los saludos, abrazos, despedidas y una que otra lágrima de las compañeras, (pues eran mujeres en su mayoría, solo éramos siete hombres y alrededor de cuarenta mujeres). Luego de todas las despedidas, adiós a todo, pues volver a ver ese lugar otra vez lo veía muy lejano.

Y así fue, hasta la fecha, después de treinta y tres años, nunca volví a ese lugar, donde en aquel entonces fue mi fuente de trabajo. Tal vez algún día lo haga, si Dios me presta vida, aunque todo está completamente cambiado y ya ahí nada que ver con fresa. Son unidades habitacionales modernas.

Del mismo modo, en casa, me fui a caminar por el campo, que circundaba la humilde casita donde felizmente viví desde la niñez hasta alcanzar la juventud, esos campos donde en ocasiones se sembraba maíz, cebada, trigo, jitomate o caña de azúcar.

Trepe a mi árbol favorito y ahí sí llore, pues fue testigo mudo de mis desplantes de cambios de carácter a lo largo de la pubertad, cuando sin haber motivo alguno, me inundaba la ira cuando veía como mi madre me servía el plato caliente de frijoles.

Me levantaba y. sin decir nada, salía y comenzaba a caminar rumbo a aquel árbol, trepaba y en ocasiones terminé dormido ah, para después volver a casa completamente tranquilo, como si nada hubiera ocurrido.

Y a dar cuenta del suculento plato de frijoles con un vaso de agua natural, tortillas hechas de maíz y salsa de molcajete, en ocasiones, cuando la situación no estaba tan mal, se le anexaba un buen pedazo de queso fresco, o bien, hasta un pequeño pedazo de carne, mismo que mi madre cambiaba con el don Wenceslao, el carnicero, por huevos de gallina, lógico es, de rancho. Y claro, sin faltar los nopales cocidos con su salsa "bandera" por un lado. En el amplio patio de la casa donde el que suscribe vivía en aquel entonces, mi padre sembraba hortalizas, por lo que teníamos jitomate, cilantro, cebolla, chile, zanahoria, rábano, etc.)

Fue así como me despedí de cada cosa que en su momento hizo mi vida más amena y llevadera y les agradecí en silencio; a mi bicicleta y guitarra, que fueron de mi hermano fallecido, a mi cama, mi ropa preferida, etc., como si de personas se tratara.

Seguro estaba de que muy difícilmente algunas de esas cosas las volvería a ver, no era un hasta pronto... era un adiós definitivo.

Tal vez a muchos nos pasa y a lo mejor coincidan conmigo que algunas veces hay quienes hasta una despedida en una buena película, nos emociona casi hasta las lágrimas. Así que imagínate, querido lector, ¿cómo era que me sentía yo, que siempre carecí de muchas cosas, pero las que tenía llenaban por completo mi vida?

Cabe aclarar que soy muy aprensivo con las cosas y mucho más con las personas que me quieren y hacen de mi vida llenarse de esas etapas felices que todos necesitamos y que, cuando las tenemos, nos hacen desbordar de felicidad.

VIII • INDECISO

Sin duda alguna, a muchos les ha pasado como a mí, que el momento de todo cambio nos genera cierta expectativa y por qué no decirlo, cierto temor a lo que viene y desconocemos. Es un nerviosismo natural y normal que la mayoría de las personas padecemos en el momento de todo cambio de residencia, de trabajo, de puesto, etc.

En ese momento nos viene la disyuntiva de qué hacer, qué decir, cuál camino deberé de tomar. Y lógico, se pone en la balanza si voy o no, si acepto o me retracto de toda acción o medida tomada para tal fin.

El lunes muy temprano, me preparé y tras las despedidas de mis hermanos y las bendiciones de mi padre y mi madre, por fin tomé el autobús que me conduciría hasta las puertas del campo militar. Nuevamente, lágrimas. Recordemos que solo era una cría de diecisiete años, y dejar el hogar paterno para siempre, dolía.

Solo podía pensar que, en mi ausencia, mi padre, madre o alguno de mis hermanos podía enfermar, accidentarse y perecer y yo no estaría ahí para tratar de ayudar y evitarlo. Este pensamiento caló muy hondo, a tal grado que en los pueblos que pasaba durante el trayecto, surgía la idea loca de "¿y si me regreso con ellos?, ¿y si lo que tenga que pasar en su momento lo afrontamos juntos?".

Finalmente, llegué a las puertas del cuartel. Ahí la duda se me hizo más firme, observaba la entrada y ni un paso quería dar hacia dentro, recordando el llanto de mi madre y la tristeza de mi padre. Indecisión, ¿por qué a mí? Y en estos momentos.

Tras limpiar dos lágrimas prófugas de mis ojos, decidido, me encaminé hacia los guardias que custodiaban la puerta de acceso principal del Regimiento. Daría mi arribo, sería un recluta más que comienza no un trabajo, sino una forma de vida. La puerta que me vio entrar y salir infinidad de veces, por varios, sí, muchos años, ahí estaba ya a pocos metros de mi indecisa persona y lo mejor de todo, la puerta estaba **¡abierta!**

Con mi corazón latiendo a más no poder me aproximé a aquella puerta que me ofrecía la cristalización de un sueño de toda mi niñez, mi adolescencia y ahora que era una cría de tan solo diecisiete años, me seguía rondando en la cabeza y me arrastraba irremediablemente a entrar y no querer salir sino con los pies por delante.

¿Cuántas veces he bendecido ese día de mi indecisión, en el cual opté por entrar y adentrarme en esa gran aventura de vida que me dio muchas cosas a ganar, pero también se cobraría el tributo que nivelaría esa balanza de la justicia, poniéndola al mismo nivel? Muchas, sí.

Sin embargo, al ingresar por aquella puerta aquel día, entraba aceptando todo, sin siquiera bacilar; con lágrimas sí, pero también con la firme decisión de servir a mi país y a mi gente y aspirando a ser más que un jornalero en mi pueblito.

Nunca me imaginé que esa puerta del Regimiento me vería salir más de veinte años después, honrosamente, a incorporarme a la vida civil, como todo un ciudadano. Sí, fuese lo que Dios quisiera que fuera en este lugar desconocido, ahora indeciso ya no... ¡todo estaba decidido!

IX • ENTRE LAS TROPAS

Por fin mi primer día como "aspirina"; en total éramos trece quienes nos habíamos ido a enrolar de forma voluntaria para ser enviados al C.A.B.I. (Centro de Adiestramiento Básico Individual). Por la mañana, tras levantarnos y coadyuvar con el personal veterano en lo referente al aseo del dormitorio, donde contaba con mi cama individual, mi gabinete y mi silla, nos dedicábamos a nuestro aseo personal. Y me cayó el mito del levante a las cinco y baño obligatorio con agua helada.

El personal que quería bañarse, debería levantar alrededor de las cinco treinta de la mañana, pues a esa hora el toque de "levante" se escuchaba, emitido por la trompeta del elemento, integrante de la banda de guerra que estaba de Servicio en la Guardia en Prevención.

Deberías apurarte si es que querías alcanzar a pasar al "bofe" o rancho, sinónimos de desayuno, comida o cena, mismo que era servido en el comedor a las seis.

A estas alturas, seguíamos vistiendo de civil, pues se nos comunicó, que hasta el Centro de Adiestramiento se nos ministraría uniforme de campaña y botas, pero tras preguntar al personal veterano, los cuales algunos afablemente y otros de manera no muy cordial que digamos y sí con mucha firmeza; nos orientaban de cómo usar los escudos en el cuello de la guerrera, los sectores en el brazo izquierdo abajo del hombro, las sobrehombreras, el tocado o gorra de campaña, las botas de montar, los acicates dorados, etc.

Todo era nuevo para mí, pero a pesar de que éramos los "reclusos" los que llevábamos a cabo la mayor parte de las "fajinas" (faenas, trabajos, actividades), nos era placentero ese sentido de pertenencia.

A las siete de la mañana, la banda de guerra tocaba "Diana", y el mismo comandante del regimiento y los jefes subordinados pasaban lista de presente a los oficiales, tropa y ahora también el personal de reclutas aspirantes (que éramos nosotros), los cuales se encontraban en Plaza. Se hacía honores a la bandera, se cantaba el himno nacional y se tomaban novedades.

Luego de eso, se nos daba instrucción de Orden Cerrado (se nos enseñaba a marchar) y, posteriormente, se nos repartía a las diversas fajinas existentes en el cuartel, siendo muy peleada por toda la fajina del comedor, pues, aunque era mucha "carrilla", ya que te traían "al pedo" (muy movido), era retribuido porque en el descanso el encargado de ahí te preparaba un buen almuerzo o te permitía que tú solo te guisaras lo que quisieras.

En un momento dado y tras pasar poco a poco el tiempo, pues los días se fueron descontando en el calendario, nos fuimos acostumbrando a las actividades y horarios; ya nos levantábamos a tiempo para evitar que nos agarrara la "brocha" (andar con prisa o bien, con el reloj en contra).

Desde estas alturas de mi estancia en el cuartel, aprendí la importancia que reviste el ser cumplido, oportuno, diligente y tener otras cualidades que el mismo personal veterano te va enseñando. De no ser así, el sábado lo sentías y hasta lo llorabas, pues "apañabas" y quedabas castigado para las faginas sabatinas y dominicales del comedor, principalmente.

Y era ahí cuando solía salir corriendo a tomar el autobús, rumbo a mi ranchito, a visitar a mis padres y hermanos, a quienes tanto extrañaba. El sábado por la tarde noche, conducía a mi madre del guante o abrazada, hasta la iglesia del ranchito, la dejaba sentada casi hasta el frente, indicándole (aunque estaban con ella por lo regular tres de mis hermanas) que, al terminar la misa, esperara ahí a que yo fuese a recogerla para conducirla nuevamente a casa.

La convivencia con mis amigos de la pubertad, no sé por qué, pero ya me resultaba muy insípida, tal vez porque ya me había acostumbrado a convivir más con gente a quien yo consideraba de "mundo"; fuertes, valerosos que tenían un trabajo sobresaliente por el simple hecho de que día con día arriesgaban sus vidas, como eran los soldados veteranos.

Al ver mi corte de pelo, la ráfaga de preguntas no se hizo esperar. Y a lo cual, solo contestaba a todo que el gran calor con las máquinas en la carpintería, donde supuestamente trabajaba en Guadalajara, lo ameritaba. Debería continuar por el momento con esa, mi gran mentira.

X • CONCENTRACIÓN

Pasaron alrededor de veintidós días y, de pronto, nos reúnen para comunicarnos que deberíamos prepararnos, pues seríamos concentrados en Guadalajara para integrar un escalón más del C.A.B.I. (Centro de Adiestramiento Básico Individual). Noticia que recibimos como agua fría, pues bastante acostumbrados estábamos ya a las actividades del regimiento, conocíamos casi a todos y en términos generales (salvo honrosas excepciones) se nos trataba bien.

Reunir nuestras escasas pertenencias y estar listos al toque de Diana del siguiente día, no revistió problema alguno. Un oficial, dos conductores con su respectivo vehículo B.A.M. (Vehículo de Aplicación Múltiple), un personal de Escolta de Seguridad, un "Traca" (radio operador), con su estación de radio y un elemento del Servicio de Sanidad (equivalente a enfermero), conformaron la escolta; abordamos los vehículos y partimos a Guadalajara, donde se nos dejó en el Campo Militar de La Mojonera, en Zapopan; a cargo del personal responsable de la integración del escalón correspondiente.

Ahí sería concentrado todo el personal de nuevo ingreso de las unidades de Jalisco, Guanajuato, Colima, Michoacán y Aguascalientes. Mismos que al terminar la concentración hacíamos un total de entre ochocientos o novecientos reclutas aproximadamente.

Mi estancia ahí fue se puede decir tormentosa, pues por las noches se batallaba mucho y era ahí cuando recordaba como nunca mi casita, pero sobre todo mi colchón (el cual constaba de cuatro costales llenos de pasto seco y costurados en la boca, colocados sobre un catre plegable de color café, no por la pintura, sino por la corrosión del metal, pues no había medios suficientes para comprar pintura, sentado sobre seis "bloques" de cemento, pues las patas se le doblaban a las primeras de cambio).

Pues bien, volviendo a mi concentración con mi escalón, por las noches, después de pasar al comedor, al darse la orden de "caerle a jetear" (dormir), corríamos todos hacia un montón de colchones de reaprovechamiento a ganar uno, y cuando teníamos suerte, nos tocaba compartir un colchón individual con cuatro compañeros más. ¡Sí, efectivamente, acertaron!; solo nuestra espalda descansaba en lo tibio del colchón, de la cintura para abajo quedaba sobre el piso, cubierto con nuestra toalla de baño o alguna ropa civil con que contábamos. Por consiguiente, por lo frío del piso, tardábamos para quedarnos "jetones" (dormidos).

Los días iban transcurriendo entre pasar listas y fajinas de aseo a todo el cuartel y las tan ansiadas franquicias donde salíamos a nuestros pueblos o ciudades, los sábados como a las once de la mañana. Por mi parte, corría a casa a abrazar a mi madre (curiosamente estaba más apegado a ella que a mi viejo), y platicaba emocionado los sucesos con todos mis hermanos, sin embargo, a llorar nuevamente al regresar el domingo por la tarde para estar presentes ese mismo día a la lista de las veintidós horas.

XI • SUDOR FRÍO

Fue durante una de las salidas de franquicia, que, sin más, me trasladé de mi pueblo a mi casa. Tras dejar a mi Madre en la Iglesia, salí a ver si encontraba a mis amigos para saludarlos. Iba caminando por la callecita, cuando de pronto de entre la oscuridad de una esquina surgieron ellos. Eran dos soldados, armados, los cuales me marcaron el alto y uno dijo al otro:

—Este es, ¿verdad?, el que andamos buscando.

—A lo que el interpelado respondió: Sí, creo que sí.

Al momento, la sangre se me fue hasta los pies y comencé a sudar frío, echando el disco hacia atrás, recapitulando qué había pasado en el cuartel donde estábamos concentrados, ¿qué hice mal, cuál fue el error? Esto iba pensando mientras caminaba hasta lo más espeso de la oscuridad, era el campo de fútbol de mi pueblo. Ahí había dos camionetas y se podía distinguir a varios grupitos de soldados con uno o dos civiles, a los cuales interrogaban. Al llegar mis captores conmigo ante el comandante, todos callaron.

—¿Y este qué? —dijo el comandante.

—No, pues se lo trajimos, tal vez este es. —dijo uno de los soldados.

Tras ser interrogado de varias cuestiones relacionadas con el trabajo de ellos y a los habitantes de mi pueblito, no tuve más remedio que identificarme, y el comandante me dijo:

—¡Cómo estás "Zorra recluso"! (zorra o zorro, se emplea en el medio, para hacer hincapié en el "tontísmo" de alguien, cosa que jamás entendí, pues los zorros se caracterizan por ser muy audaces. Y recluso, se refería a mi situación de recluta). Si te hubieras identificado con los soldados, ya estuvieras en tu casa dormido o mínimo, tomando cafecito.

Resulto y resalto que esta patrulla que se estaba dando a la tarea de investigar alguna cuestión de trabajo para ellos y probable delincuencia en esa zona geográfica en la cual se asentaba mi pueblito, eran ni más ni menos que mis anfitriones de uno de los dos batallones del campo militar de la "Mojonera" donde me encontraba, previo a mandarme al Centro de Adiestramiento.

Después de identificarme e interrogarme acerca del dormitorio donde me encontraba allá en su unidad o batallón, así como el o los nombres de los encargados del personal de reclutas y yo contestarles acertadamente, se me permitió retirarme, no sin antes advertirme que ni una sola palabra a nadie de lo que vi o escuché, porque de lo contrario me buscaría allá en el cuartel y me aplicaría un buen castigo. De sobra está decir que, a mis conocidos de ahí del pueblo, los siguieron interrogando y no corrieron con la misma suerte que yo.

XII • CONOCIENDO LA AMAPOLA

Aunque el Campo Militar de la Mojonera es muy grande, nos quedaba chiquito a la hora de las fajinas, pues en verdad éramos muchísimos. Por lo que, al paso de los días, lo que nos tocaba barrer o hacer, lo terminábamos rápidamente, nos ponían a marchar un rato después de la lista y el demás era tiempo muerto, donde por grupitos nos íbamos "camuflageando" de las vistas y pasábamos el resto de la mañana contando anécdotas o platicando nuestros planes futuros.

Fue así que un buen día, la fajina asignada consistía en recoger basura de todo tipo, nos fuimos juntando plásticos, latas, etc., hasta llegar a la barda perimetral que dividía el Campo Militar de la Mojonera, de la B.A.M. no. 5. (Base Aérea Militar No. 5) y El Colegio del Aire.

Enfrascados en la plática, y ya colocados sobre la barda, de pronto nos dimos cuenta de que estaban tres plantas muy extrañas, con sus hojas del color del repollo, pero con unas flores, cada una de ellas muy hermosas, de colores muy vivos y llamativos.

Alguien de los compañeros comentó que tal vez sería amapola, por lo que, arrancándolas, nos fuimos hacia el área de dormitorios a buscar al cabo Cipriano, quien era el encargado de la "fajina" nombrada. Al vernos aproximarnos a él, con tan llamativas flores, de inmediato se sorprendió y con voz fuerte grito:

—Media vuelta, ya, paaaaso veloz, ya.

Órdenes que desde luego obedecimos y nos condujo nuevamente al campo, y tras ordenarnos hacer alto, procedió a darnos la "enjabonada del día; "plagada de palabras altisonantes, ¡diciéndonos que esa era amapola y que por qué hijos de su... qué barbaridad, la habíamos llevado al interior del cuartel! De pronto, suavizando su voz dijo:

—No, hijos, en verdad tal vez sea bueno que la hayan encontrado, ¿cómo nació ahí?, no sé, ¿quién la sembró?, desconozco; pero hagan de cuenta que, sin querer, ya les di una academia del conocimiento de la amapola. Cuando sean veteranos, irán a "terreno" (operaciones fuera de plaza, de nuestra unidad respectiva), y encontrarán en algunos lugares, conforme al clima que prevalezca, sembradíos de esta planta que los "malosos" utilizan para producir la conocida Goma de Opio, veneno de muchos jóvenes como ustedes o sus hermanos, entonces tendrán que destruirla, pues a pesar de ser tan hermosa, es mortal por necesidad.

De este modo, por casualidad, conocí tan hermosa flor, tan bella como peligrosa. Efectivamente, algunos meses después me reencontraría con esa hermosa flor, por millones, en los plantíos que me tocó destruir por mano de obra, en los cientos de ellos, los cuales encontramos en la zona conocida como "el Triángulo Dorado", ubicada en la parte donde convergen los estados de Sinaloa, Chihuahua y Durango, respectivamente.

Pero por el momento, como vil e insignificante "recluta", hoy le doy la razón al cabo de Infantería Cipriano, pues en verdad fue una cátedra magistral, la que nos impartió ese día. Ahí nos hizo ponernos en antecedentes y de cara a algo que sería nuestro potencial enemigo por todo el resto de lo que tuviésemos de carrera en el Ejército.

XIII • LA BIENVENIDA

Cierto día, cuando ya teníamos aproximadamente quince días de estar ahí en ese campo militar, a la Lista de Diana (primera lista de la mañana), se nos comunicó a todo el escalón, de la llegada de aproximadamente veinticuatro autobuses, en próximas horas., donde seríamos trasladados al C.A.B.I. Mismos que efectivamente llegaron después del "Rancho" de medio día.

Siendo las mil seiscientas horas, se nos hizo abordar dichos autobuses en todo orden y fuimos conducidos a la Plaza de Ameca, Jalisco. Llegamos a las Instalaciones del C.A.B.I., un antiguo edificio que, si fuera observado de forma aérea, tiene la figura de un perfecto candelabro.

Era el lugar donde llevaríamos a cabo nuestro adiestramiento que nos formaría o no. Ahí nos transformarían el espíritu de civil a un completo guerrero, de lucha, de valores, de virtudes y siempre tratando por parte de nuestros superiores e instructores, el forjarnos de "FIBRA" (garra, temple, coraje).

Ese lugar que quedaría por siempre tatuado en nuestras memorias y corazones, a fuego y para siempre, hasta el fin de nuestros días. Ahí, donde cada error, cada acierto era un torrente pleno de enseñanza. Ese templo sagrado te extirpa los sentimientos de "Blandengue" y hace que sufras una metamorfosis completa, casi increíble; pues te convierte en alguien casi sensible al dolor, pero indomable, fiero pero diligente, callado pero peligroso.

Ahí esa era la consigna, la misión: enseñarte a anteponer tus sentimientos, por los de los demás, por el amor al servicio, al pueblo, a nuestro país... **¡a México!**

Ya estando en dicha plaza se nos condujo a formar a un costado del edificio donde posteriormente fuimos recibidos por el teniente coronel de Infantería, director del centro. Era un hombre de facciones duras, pero se expresaba perfectamente, mismo que comenzó a darnos la bienvenida, así como decirnos las directivas de cómo serían nuestros días y noches ahí, como se desarrollaría nuestro adiestramiento en ese centro, en el C.A.B.I.

Ahí entre el discurso, comenzó a oscurecer; eran más profundas las sombras que hacían verse tenues a las luces amarillentas de los escasos focos, ubicados estratégicamente en el pasillo del viejo ex Hospital "**José Hilarión Romero Gil**", ahora convertido en Centro de Adiestramiento.

De pronto, se escuchó que el teniente coronel director gritaba a alguien y señala en dirección donde yo me encontraba:

—No estés bostezando recluta, que no quiero estarte arrullando.

Todos volteamos a ver, buscando al infractor, y me sorprendí al comprobar que se lo habían mencionado a mi compañero que estaba formado delante de mí. El director prosiguió con su discurso y, posteriormente, volvió a repetir:

—Que no estés bostezando, que no está aquí tu chin...da madre para arrullarte.

Continúo dándonos las instrucciones para nuestra estancia ahí en el centro de adiestramiento y, de pronto, comenzó a descender las escaleras que constaban de siete peldaños para llegar al plano donde nos encontrábamos formados, y entre su discurso de bienvenida se fue aproximando por entre las filas hasta que quedó casi delante de mí. Un sudor frío recorrió mi cuerpo al momento que, cortando su discurso, dijo colérico:

—Te dije que no está aquí tu chi...da mad...e para estarte arrullando, recluta pend....o —Y diciendo y haciendo, dio un tremendo gancho al hígado a mi compañero que estaba enfrente y lo derribó; ordenando a todos los que nos encontrábamos a inmediaciones, que no lo recogiéramos, que lo dejáramos ahí, que se repusiera solo o que se muriera, que esto solo era la muestra de lo que deberíamos pasar para convertirnos en unas perfectas máquinas que soportaran el dolor y el sufrimiento y que, en contraparte, aprenderíamos a matar para defendernos de todo aquel enemigo que quisiera transgredir las leyes, manchar o ultrajar nuestro uniforme, al ejército o al país.

Realmente, esto fue impactante para quien viene de la vida civil, sin malicia alguna y no conoce nada del medio militar. Fue así como el director del centro nos dio la bienvenida, que como ustedes lo supondrán nos dijo mucho de lo que sería nuestra estancia ahí, pues nos marcó la primera impresión de él, que al final es la que cuenta.

Pocas fueron las ocasiones en que me tocó cruzarme individualmente o tratar con ese hombre tan "duro". Decíamos en aquel entonces que era el terror de toda la tropita nueva de reclutas que conformábamos los dos escalones en adiestramiento. Sin embargo, al observarlo de lejos, infundía temor y a la vez mucho respeto, pero también admiración por su porte, pulcritud y respeto con que portaba el uniforme.

En verdad, es sorprendente cómo alguna persona y más si no se tiene trato directo con él o ella, llegue a influenciarte tanto en un futuro. Pues bien, yo mucho tiempo, si no es que todos mis años como militar, recordé a la hora de planchar mis uniformes o cuando hacía lo propio con algún uniforme o calzado de percha para ceremonias o desfiles, a ese modelo, a aquel maniquí humano, dechado de la virtud de la pulcritud viviente; mismo que tuve ahí en el C.A.B.I. de Ameca, Jalisco; semillero inolvidable del Ejército y Fuerza Aérea Mexicanos. Donde fuera mi alma mater, donde se diera mi nacimiento al ejército, sí... mi cuna.

XIV • LOS VETERANOS Y LA TRADICIÓN

Al día siguiente de la calurosa bienvenida, todo fue mostrarnos las instalaciones, las áreas de adiestramiento, circuitos de educación física y la lectura del reglamento que regiría el comportamiento dentro y fuera del centro (en la franquicia sabatina). Después de rancho de medio día, por fin fuimos entregados a nuestro oficial y clases (sargentos y cabos), comisionados ahí y que pertenecían a mí mismo regimiento. Por fin estábamos "en familia".

Nos recibieron dos sargentos segundos y un cabo, así como siete reclutas veteranos, que integraban el noveno escalón (yo pertenecía al décimo escalón y último del año). Sabía de antemano lo que vendría a continuación. Y más al ver cómo los sargentos y el cabo, se presentaron con nosotros y cada uno de ellos tenía en su mano, ni más ni menos, que una tabla.

Esta consistía en un tramo de barrote de dos por cuatro pulgadas y con una longitud aproximada de ochenta centímetros a un metro. En la del sargento Bonilla (su apellido), tenía una leyenda que decía: "El Gansito: Recuérdame"; en la del sargento Farra (apodo), se leía: La Corregidora y, por último, en la del cabo Badillo (apellido), se podía distinguir que decía: "La momia", pues estaba totalmente cubierta con una venda, que en un tiempo fue blanca (tal vez por el continuo uso se había tornado en color gris). Tras las presentaciones entre risas, bromas y chascarrillos y leernos la cartilla de las actividades, dijo el sargento Bonilla:

—Pues bueno, mis hijos, no habiendo más diligencias que perseguir, van a ir pasando uno por uno con cada uno de nosotros, por su bienvenida y amigos como siempre.

Al pasar, adoptabas la posición que consistía en juntar tus talones, sin doblar las piernas, te agachabas y te tomabas cada una de las rodillas con cada palma de las manos, o bien doblabas el tronco de tu cuerpo hasta tocarte las espinillas de ambos pies. Fueron los primeros tres tablazos, de muchos más, que recibiría ahí en el centro. Tal vez a estas alturas de los tiempos, de la modernidad, de los derechos humanos en todo su esplendor, con el bulling (palabra que antes ni se conocía), repitiéndose en muchas bocas, muchos dirán: "Que abusivos", "que los cuelguen", "¿cómo podían tolerar todo eso?".

Pero, ¿saben una cosa? Desde la unidad, cuando recién llegas como "aspirina", consciente o inconscientemente, el personal veterano te va preparando para ese momento. Sí, esos en los cuales te darán la bienvenida o cuando "apañes" por haber cometido alguna falta o desobediencia o hayas hecho algo mal a criterio del Superior. Te tatúas eso en la mente y, por consiguiente, adquieres cierto grado de... masoquismo. Pues en este caso de la bienvenida, terminamos riendo y masajeando nuestras "posaderas" y hasta alguien por ahí se aventó un "grito charro".

Ahí en el centro en aquel entonces, se tenía un concepto que terminas por aceptar y hasta lo haces tuyo, de que: "CARÁCTER FORJA CÁRACTER". Y en las academias te concientizaban de que, en un momento dado, en un conflicto internacional, tal vez serias aprehendido y te torturarían hasta matarte para conocer información que quizá ni siquiera poseas.

Y que, sin importarte lo que te estén preguntando, solo repetirás a todo: tu grado, nombre, matrícula y tipo de sangre, solo eso una y mil veces hasta que, simplemente, ya no digas nada porque ya te fuiste. Y es por ello que ahí los malos tratos recibidos son "flores" y en verdad, aunque algunos no estén de acuerdo conmigo, a mí me fueron forjando, carácter y mentalidad, por lo que al salir de ahí mi personalidad era otra; se transformó por completo.

Platicar con mis amigos del pueblo, después de mi adiestramiento, eran pláticas sin sabor, sin chiste, muy simples, muy sencillas, limpias, sin malicia. Y ahora yo era otra cosa, en cada palabra que decía externaba al hablar "olor a pólvora", a riesgo, a trabajo, a protección y seguridad para los demás. Nada volvió a ser igual. Yo era otro, muy diferente al que un día salió del Rodeo.

Por eso, al recibir un tablazo, el consuelo es que te lo está dando un amigo o un familiar, o cuando menos un conocido en casa para enseñarte a ser fuerte y soportar todo. Y no el enemigo, en el Campo de Combate que te dará cuchilladas o plomo, y no un simple tablazo.

Asimismo, muy a menudo nos decían que "MÁS VALEN MIL GOTAS DE LLANTO O SUDOR EN EL CAMPO DE ADIESTRAMIENTO, QUE UNA SOLA GOTA DE SANGRE EN EL CAMPO DE BATALLA". Y con todo el misticismo del mundo así lo sentí, desde entonces.

A estas alturas de los tiempos, tal vez y lo repito, haya quienes no logren digerir o concebir el hecho de los medios y procedimientos que se empleaban para la formación y adiestramiento, que tuve que pasar, pues ahora ya son muy arcaicos.

Pero también los resultados, a la hora de una decisión u operación de riesgo, al exponer tu vida por tu comandante, por gente civil que ni conocías, eso... no se pensaba, se hacía sin dudar un solo segundo. Marca la diferencia de los cambios de los tiempos. Y claro está de los métodos modernos para "fabricar soldados".

Indudablemente, éramos de hierro, o cuando menos, así nos sentíamos. Así nos enseñaron a sentirnos. En lo personal se los digo, que también trae otros riesgos o consecuencias colaterales. Por ejemplo, yo no me veo desarmado por un grupo de gente civil y cacheteado, vejado e interrogado en mis tiempos de activo.

Maxime si está gente civil, son transgresores de la ley que abusan de su poder de la gente que menos tiene y menos puede. Preferiría hacer uso de mis medios y defenderme hasta el final o terminar mis días en una prisión. Esa es la otra cara de tener un adiestramiento "arcaico". Otra mentalidad de lucha y de un fin más digno.

Eso me enseñaron: "ahí de ti si prestas o permites que alguien te desarme, defenderás tu otra parte de ti que es tu armamento, inclusive con tu vida. Y si quien te agrede no atiende a tus arengas de alto y no desiste, pues ni modo, harás uso de la fuerza, pero primero muerto que deshonrado, porque te desarmaron".

Y quizá haya compañeros de armas, inclusive muy superiores en jerarquía a mí, su humilde servidor y subordinado. A quienes les moleste el que esta parte de mi adiestramiento sea revelada así, tan natural, y darla a conocer. Sin embargo, les reitero que todo lo hago con mucho respeto y que aquí estoy contando "MI" verdad y mis memorias, y no las de alguien más. Después de la "calurosa bienvenida", saludos y abrazos con los reclutas del escalón más avanzado, los sargentos, dirigiéndose a los veteranos dijeron:

—Bueno, jóvenes, ya saben la tradición y lo que sigue, en todo orden procedan desde luego y de inmediato.

Inmediatamente, los siete veteranos nos repartieron a los trece, equitativamente entre sí, tocándome estar con un soldado muy afable que, al hacer las presentaciones respectivas, resultó que era originario de un pueblo cercano a donde radicaba mi familia, llamado San Miguel.

El motivo de la repartición era proveernos de uniformes de reaprovechamiento, botas de tres hebillas gorras de campaña, etc. Sí, por fin después de tantos días de ser "aspirina", por fin vestiría un uniforme, mismo que al ponérmelo, me quedó perfectamente, y aunque era algo viejo y despintado, me vestí con él, como si del más costoso smoking se tratara. Las botas también eran de un número mayor al mío, pero como ya ustedes me comprenderán, pues no había más que eso, y no estaba en situación de ponerme mis "moños".

Una vez que ya estuvimos uniformados, el soldado veterano en cuestión nos dijo que nos colgásemos nuestro saco de ración (bolsa pequeña de campaña con colgadera para el hombro), pues iríamos a dar una vuelta, acción que sin preguntar nada, obedecimos. Tras la categórica orden de "paaaaso veloz", fuimos conducidos ni más ni menos que a la cafetería del centro, a lo cual no entendíamos nada en relación con motivo. Al ingresar nos dijo:

—Pidan lo que quieran, recuerden que tienen que lustrar sus botas, limpiar sus escudos, posteriormente, llegarán sus armas y también se limpian. No sé si traigan todo lo referente a aseo personal, de lo contrario pídanlo —Francamente, nos veíamos con cara de desconcierto, pues no contábamos con dinero suficiente para tales adquisiciones. De pronto, el soldado veterano al percatarse de la duda que en nosotros iba en aumento, con una amplia sonrisa dijo —. Pidan todo lo que quieran, lo que necesiten, yo lo voy a pagar todo, luego les explico por qué lo hacemos, mis compañeros y yo así con ustedes.

Dicho esto, nos dimos a la tarea de pedir solo lo más indispensable, de aseo, de calzado, de uniformes, escudos, limpieza de armas y una que otra cosa de aseo personal, acción que, al ser observada por el soldado, se arrimó a nosotros y nos llenó nuestras bolsas de frutas, infinidad de golosinas, panes, jugos y sodas, ¡inclusive un pollo rostizado para cada uno! Al salir en forma por demás solemne nos dijo:

—Esta es su bienvenida, es una tradición propia del Arma de Caballería, pero en particular, de nuestro Regimiento. Cuando venga el otro Escalón, nosotros ya no estaremos, pero ustedes sí, y esto, que hacemos nosotros con ustedes, ustedes lo harán con los que vengan. Ahorren un poco, pues no sabrán si les llegaran solo cinco reclutas o cincuenta, y a todos los deberán uniformar, calzar y traerlos a su "casinaso". Por favor, les pido que sean agradecidos con Dios y con nuestra arma de Caballería, y que nunca, pero nunca, muera esta tradición: ¡bienvenidos!".

Años, muchos años después cuando ya mi carrera en las armas era adulta, fui designado para cumplir la misión de desempeñarme como Instructor (que con el paso de los años y la modernidad que ya nos cobijaba, se le denominaba ADIESTRADOR). ¿Por qué el comentario? Porque hasta ahí me llegué a preguntar: ¿Cuándo murió aquella tradición tan bonita, que como "aspirinas" nuevos nos levantó la moral en su momento? ¿Quién fue el criminal que ordenó que cesara? Nunca lo supe, solo sé que yo lo viví y lo apliqué después con los "reclusos" que me sucedieron, después, simplemente, me gradué, y como soldado veterano no supe más de esa tradición.

XV • MI DORMITORIO Y RECIBIENDO MI ARMAMENTO

Por fin estaba ahí, y comenzaron los días de adiestramiento, realmente intensos, cansados y estresantes, pues a menudo se nos decía que: "solo son unos asquerosos reclutas, que no merecen ni el aire que respiran". Y realmente así se nos hacía sentir. Y entre materias como la Ética Militar, Reglamento General de Deberes Militares, Orientación, Defensa Personal, Educación Física, Orden Cerrado, Conocimiento del Armamento (aunque aún estábamos desarmados), fueron pasando los días.

Una tarde, cuando ya se habían desgranado en el calendario los primeros cinco días, se nos mandó llamar al Galerón, Galpón, Barraca o Dormitorio como prefieran llamarlo o entenderlo. En esta parte del relato, me permito hacer un paréntesis para explicar un poco como eran instalaciones del centro que nos albergaron ni más ni menos que por tres meses y medio.

Era una especie de bodega con la puerta de lámina de dos hojas de metro y medio cada una, a la mitad de la longitud total del dormitorio, media aproximadamente doce metros de ancho por sesenta metros de largo, con paredes de bloque de tres metros de alto, un techo de lámina de zinc o bien, simple lámina, como mejor lo entiendan., de dos aguas que en el centro y por consiguiente su parte más alta, media cuatro metros y cada diez metros tenía una columna de 40x40 centímetros para sostenerlo.

En uno de los extremos, en una superficie de diez metros, se encontraban los baños que constaban de diez regaderas, diez W.C. y diez lavamanos. Y frente a ellos, un espejo largo que abarcaba cinco lavamanos y otro espejo para los otros cinco. Pegadas a las paredes, quedaban una línea de literas metálicas de color gris, con su respectivo colchón individual y su respectiva almohada, ¿Color? ¡Perfecto, adivinaron! De color verde olivo; las cuales estaban separadas una de otra por un gabinete de lámina, también conocido como locker. Sobre este, descansaba también una silla metálica plegada de color gris, a razón de una por gabinete; una para cada recluta.

El gabinete que servía de división entre una y otras literas, era usado por el recluta que dormía en la parte de abajo, y en los pies de la litera estaba otro gabinete, que usaba quien dormía en la parte alta de la litera. Al centro del galerón, había otras dos líneas de literas que, al observarlas, daba la impresión de que los ocupantes de las literas vecinas dormían, como quien dice, cabeza con cabeza. Es fácil imaginar que, en medio de cada dos líneas de literas, quedaba el pasillo de aproximadamente dos metros de ancho, solo reducidos por los gabinetes que a ambos lados del mismo quedaban en los pies de las literas.

Al frente de nuestro flamante dormitorio, había un patio grande, de aproximadamente 60x90 metros, que al fondo cerraba con una pared y a los costados, otros dos dormitorios o Galerones como el nuestro, mismos que también estaban albergando a la totalidad de su capacidad a reclutas del arma de Infantería.

El piso, tanto del patio como el de los galerones, era de arena con grava, por lo que el personal del Servicio de Cuarteleros (servicio que todos por turnos diarios a razón de ocho elementos, nos tocaba desempeñar), mantenía siempre, mañana, medio día, tarde y noche, perfectamente regado, para no levantar polvo. Asimismo, dicho personal se encargaba del aseo a perfección del área de los baños, que era el único lugar que contaba con piso de concreto.

Al costado derecho de nuestro dormitorio, estaba la salida de diez metros de ancho aproximadamente, que daba a una calle de doble sentido con un camellón con arbolitos en el centro, salías a la calle, doblabas a tu izquierda, y avanzabas aproximadamente cuarenta metros y doblabas por la siguiente calle a la izquierda nuevamente, otros cuarenta metros y ahí, por la acera derecha, se encontraba la puerta principal del centro. Sí, con un arco de material donde se podía leer, C.A.B.I. V R. M. (Centro de Adiestramiento Básico Individual. V Región Militar), con su Guardia en Prevención como Recepción.

Para ir del galerón al centro o viceversa, se nos formaba por grupos de diez como mínimo y se le daba el mando a un recluta para que a la voz de "paso veloz" se nos condujera. En la salida del galerón hacia la calle, siempre se encontraba de guardia, un cabo, del arma que fuera (Caballería, Infantería, Artillería, o Fuerza Aérea) quien se encargaba de formarnos y mandarnos al paso veloz al centro.

Pues bien, después de una descripción de lo que era mi dormitorio, continúo con el motivo por el cual esa tarde se nos sustrajo de las academias (a los trece elementos que conformábamos el décimo Escalón de ese año) y se nos condujo, como ya lo dije, al galerón.

Al llegar, nos percatamos que se encontraban un C.L.E. y un V.A.M. (Carro Ligero de Exploración, mejor conocido como Jeep, y un Vehículo de Aplicación Múltiple), con siglas de nuestra unidad correspondiente, con su personal de escolta de seguridad. Fuimos formados en línea en una fila, frente a la puerta del dormitorio, y de ahí salió un hombre de estatura regular, vestido de civil, con una inmensa cabellera y gran barba cerrada. Al identificarse con nosotros dijo ser un capitán primero de Caballería y comandante de nosotros, pues comandaba el primer Edn. De Rec. (primer Escuadrón de Reconocimiento), al cual pertenecíamos casi la totalidad de los trece reclutas.

Dijo estar comisionado en inteligencia militar (por ello su apariencia como de civil), y que había llegado a cumplir la misión de llevarnos nuestro armamento de cargo.

—Sí, señores, ni más ni menos que a entregarnos nuestras armas.

Por fin vería comenzar a realizarse la continuidad de la primera parte de mi sueño de niño; mi adiestramiento con un arma en mis manos.

Por eso, cuando por fin se escuchó mi nombre completo y mi matrícula en boca de mi capitán, camine hacia la mesa donde él, sentado en una silla, y con una relación en sus manos, hizo que se me entregara una hermosa y flamante C.A.L. (Carabina Automática Ligera) de culata plegable, de fabricación belga. Misma que, aunque no era nueva, sí estaba en perfectas condiciones de limpieza y pavonada.

Como se imaginarán, el recorrido de mi lugar a la mesa era tan solo de doce pasos cuando mucho, mas a mí me pareció muy largo el trayecto. Lo sentí como si fuese entre nubes, llevando en mis manos la que a partir de ahí sería mi preciada herramienta de trabajo. No puedo describir con palabras el júbilo que sentía, era algo así como dicen que se siente cuando vas hacia el Altar de una Iglesia a contraer matrimonio (en lo personal, el Padre Celestial no permitió que el suscrito viviera esa experiencia).

Al llegar a mi lugar, abracé, acaricié y besé a mi morenita, ¡por fin estábamos juntos! Ya no era de junco, de jaras o de ramas de eucalipto o de mezquite como cuando niño, ¡era real! ¡Ahí estaba en mis brazos, muy cerquita de mi corazón!

No pude más, y volteando mi rostro hacia otro lado, limpié rápidamente dos lágrimas prófugas de mis ojos, sí, la emoción me ganó. Y ahí, sintiendo que el corazón se me saldría del pecho, le juré amarla, cuidarla y respetarla, y a mi vez en silencio le entregaba la custodia, ni más ni menos que... de mi vida.

Sí, la vida de esa "cría" de tan solo diecisiete años que era yo. De esa vida que desde el momento que ingresas, la entregas y la consagras a defender a una ciudadanía que ni siquiera conoces. Una vida que queda en un hilo.

Una vida que tal vez muy temprano se verá truncada por un enemigo y no precisamente extranjero, sino un hermano, en este caso mexicano, un alguien que pudo haber sido mi compañero de adiestramiento y de armas aquí en el Ejército; pero que, por el contrario, los vicios, las carencias en el hogar materno, la falta de educación, la inexistencia de los padres o bien su indolencia, lo llevaron a unirse al crimen organizado donde vive a salto de mata. Mismo que después, le cobrara tributo, con algún ser querido, con la cárcel o la muerte. Pero mientras, tal vez antes de su juicio, llegara a ser mi verdugo, si aquel que tomaría y daría fin de alguna de tantas maneras, a esa vida que hoy yo estaba ofrendando al servicio de México.

XVI • PRIMERA FRANQUICIA Y VISITA A MIS PADRES

Mi llegada al centro y el recibir mi armamento era la gran novedad que llevaría a mi casa, a mi familia. Por fin la primera franquicia, de ahí, del centro. Por fin sábado, el primer sábado en "el Infierno". A las diez de la mañana se nos pasó la lista de presente y se leyó la Orden Particular del Centro de Adiestramiento. Y, al finalizar esta, el Exhorto de C.A.B.I., dirigido por dos capitanes de Caballería integrantes del Cuerpo de la Junta Directiva. El primero de ellos gritó:

—CENTRO DE ADIESTRAMIENTO BÁSICO INDIVIDUAL, DE LA DECIMOQUINTA ZONA MILITAR.

A lo que todos los más de mil quinientos reclutas, a voz en pecho respondimos:

—LEALTAD, DISCIPLINA, ADIESTRAMIENTO: SUPERACIÓN.

El segundo capitán gritó:

—C.A.B.I., QUINTA REGIÓN MILITAR.

Y respondimos:

—SIEMPRE LEALES.

Después se ordenó que ya al mando de nuestros comandantes se nos dieran las últimas indicaciones y se procediera a dejarnos salir debidamente vestidos de civil y posterior a revisar nuestras maletas para que nadie sustrajera nada de pertenencias del centro. Tras darnos la respectiva despedida, y "pasar por la leña" (cosa que ya lo hacíamos en una forma "jocosa", pues de cualquier manera había que encontrarle la curvatura al círculo).

Los reclutas que, por lo lejano de sus sedes o plazas, no podían, no querían o bien no les alcanzaba el tiempo; para ir y estar de regreso a la lista de las dos mil doscientas horas del día siguiente, salían a buscar a las "jefas" (así les decíamos a las mujeres, por lo regular maduras o ancianas que, en sus domicilios particulares, vendían comida. Lavaban y planchaban nuestros uniformes, y algunas hasta nos daban "gancho", o sea, nos fiaban la comida o el aseo de nuestro vestuario, hasta cobrar la quincena.

Llegar a casa y contar todos los acontecimientos ocurridos en tan poco tiempo y presumir que ya tenía mi arma de cargo y mostrarles mis primeras fotografías (en aquel entonces, no había celulares con cámara, como los hay ahora, pero había un fotógrafo. Era un sargento y un cabo de Infantería, comisionados por la dirección, como tal, que en cada actividad del centro, por arte de Magia se nos aparecía), cosa que nos parecía una idea formidable, para inmortalizar toda nuestra estancia en el "Infierno".

El domingo por la tarde, después de convivir con mis padres, hermanos y amigos en mi pequeño pueblo, y encontrándome en la Central de Autobuses de la Ciudad de Guadalajara, procedí a adquirir el boleto de autobús que me llevaría a Ameca, Jalisco, lugar donde como ya sabemos, estaba el Centro de Adiestramiento.

Al tenerlo en mis manos, un sentimiento de nostalgia me invadió, pues apenas unas horas antes, estaba en casa, donde todos me querían y ahora debería regresar a ese lugar donde no era nada, ni nadie. Solo un "**recluso más**", a recibir cascasos, tablazos, mentadas, etc. Si querido lector, ahí estaba yo, representaba el vivo monumento al masoquismo a su máxima expresión.

Hasta parecía que ya estaba extrañando la bienvenida que me darían esa noche, después de la lista de presente de las dos mil doscientas horas, ración misma que consistía en solo tres, pero bien dados con "**la MOMIA, LA CORREGIDORA, LA NO ME OLVIDES, LA MAESTRA, etc.**", qué más daba la que fuera, todas tenían la misma complexión: tres por cuatro pulgadas por 1.20 centímetros, aproximadamente de largo.

Sí, querido lector, eran unos pedazos de barrote de madera. Todo fue en un solo movimiento, sin pensarlo tanto, hice pedazos aquel boleto del autobús que me llevaría de regreso al "Infierno" y tras arrojar los pedazos a la basura, me encaminé al módulo de autobuses que me llevarían de regreso a mi casa y esperé. De pronto, me pareció escuchar la voz de mi padre que me preguntaba: "¿y si vas a aguantar?":

Como impulsado por un resorte, me puse de pie, y corrí desaforadamente, cargando mi maleta de uniformes limpios. Tras hacer bola el boleto recién adquirido y arrojarlo nuevamente a un bote de basura, llegué a comprar, por segunda vez, otro boleto para el viaje que me llevaría a concentrarme nuevamente al C.A.B.I. En verdad, ni siquiera estaba seguro si hacia lo correcto, solo lo hice y para mis adentros me decía: "una más sí, solo una semana más y tiró todo por la borda".

XVII • EJERCICIO NOCTURNO

Al paso de los días, todo lo bueno o difícil lo aceptaba de la mejor manera posible, y al modo, me decía: "ES POR MI BIEN". Como ya lo comenté antes, era una especie o una forma de masoquismo el que nos movía. Por las noches, antes de que se apagaran las luces a las nueve y que la trompeta tocara silencio, nos reuníamos todos, los trece del escalón, y nos dábamos ánimo para seguir adelante.

Incluso, hicimos un "Código Rojo" en el cual estuvimos de acuerdo con que, si alguno de nosotros cometía la tontería de desertar, el resto iría a buscarle y así como ahora nos sentíamos con ese fraternal lazo de hermandad, asimismo voltearíamos la bandera al traidor que dejara en entredicho al escalón y se le buscaría y sería torturado hasta dejarle, totalmente golpeado e irreconocible, que ni su mamá lo reconocería. Todos estuvimos de acuerdo y hasta firmamos de conformidad una hoja que fue redactada a mano por uno de mis compañeros (aquí cabe aclarar y destacar que todo quedo ahí para la posteridad, pues aproximadamente a los tres meses de que nos incorporamos a la unidad, se dio la primera deserción franca de uno de mis compañeros.

Todos estábamos encuadrados en distintas unidades, llámense escuadra, pelotón, sección o escuadrón; nuestras misiones eran muy diferentes e imposible reunirnos todos, para entonces solo doce "elementos" para ponernos de acuerdo y llevar a cabo el cumplimiento o realización del famoso "CÓDIGO ROJO", que un día firmamos en el "Infierno".

Tiempo después desertó el segundo, después otro y así sucesivamente; y de aquellos trece reclutas que ingresamos con tantos sueños de crecer en el ámbito militar y llegar a obtener algún grado en el Ejército, solo otro compañero y yo nos retiramos honrosamente de las filas del glorioso Ejército mexicano.

Sí, querido lector, solo el sargento segundo DE CAB. LA PAWA y yo cruzamos el pantano sin mojarnos. En eso estábamos cuando de pronto se escuchó el toque de Silencio (para que las tropas se entreguen al descanso) y se escuchó el grito del "Vigilante de Cuadra", (cuartelero o vigilante de Dormitorio), diciendo:

—En cinco minutos se apaga la luz para que le "caigan y se abandonen", ya saben, si alguien no se "jetea" y anda deambulando, vendrá el sargento de día con la NO ME OLVIDES, y van a "apañar" (refiriéndose a la tabla).

El jefe de grupo (un recluta que era elegido por el oficial del escuadrón o por los sargentos, y se consideraba así por ser el más grande de edad entre todos los demás y se le tenía respeto suficiente como tal) pasaba revista que todos estuviésemos vestidos, únicamente con trusa y en chanclas, en la posición de firmes, al pie de nuestra litera, que tuviésemos talco en los pies, nuestras botas de montar completamente lustradas y brillantes, así como nuestros acicates dorados permanecían frente a nuestra silla metálica. En la parte superior de las botas por la parte de fuera, descansaban nuestros calcetines verdes, limpios, listos para ser usados el día siguiente.

Sobre la silla, se encontraba debidamente doblado el pantalón y sobre este también doblada la camiseta o "playera" verde olivo y, sobre de esta, el tocado negro (gorra) con la visera hacia el frente, con su escarapela circular tricolor en la frente de esta. En el respaldo de la silla, colgaba nuestra guerrera, abrazando por completo a este, luciendo sus escudos, perfectamente "ciroleados" (lustrados) en las partes angulares del cuello. Demás pertenencias permanecían en el gabinete, debidamente cerrado con candado.

Como a los quince minutos de apagadas las luces, por lo regular a todos nos vencía el sueño, por el cansancio de todo lo realizado durante el día. Pero yo, trataba de mantenerme despierto y una vez pasados los quince minutos, me bajaba al piso a un costado de mi cama y comenzaba a hacer lagartijas y abdominales por series de treinta o cincuenta, y lógico, previo "arreglo" con el vigilante, para que me avisara si es que se acercaba el sargento de día. Solo le daría tres golpes al piso con el tolete para hacerme saber tal situación. Una vez terminadas mis rutinas, corría al baño a oscuras y me bañaba rápidamente y volvía a la cama.

¿Qué por qué mis ejercicios? Les explico. A un mes aproximadamente de mi estancia en el C.A.B.I., llegó un Subteniente de Infantería que fue nuestro instructor de Ética Militar. Las Academias que se nos impartían las tomábamos por grupos, pero organizados de tal forma que éramos de la misma Arma, en este caso, de Caballería.

Cabe señalar que en el Ejército de aquellos años, en "la tropa vieja", Infantería y Caballería, siempre tuvieron cierta rivalidad o competencia, donde siempre queríamos ser mejor que la otra arma y viceversa. Por consiguiente, el oficial nuevo en el centro y en el activo (pues del personalmente supimos que venía saliendo del Heroico Colegio Militar de Tlalpan, en la Ciudad de México), comenzó a "ladillarnos y traernos al pedo" por ser de Caballería. Los módulos los materializábamos con tres bancas, metálicas o de madera en forma de herradura y en frente y al centro, se colocaba el atril y el porta-laminas para el instructor.

Pues bien, el oficial cuando se ponía a impartir la explicación de la Materia de la cual era el titular, de pronto ordenaba "firmes, ya" y argumentando que alguien se estaba "jeteando", quitaba su casco antibalas al recluta más próximo, y tras ordenar: "Deeeescubrirse, ya" (a la voz preventiva, se coloca la mano izquierda atrás y arriba de la nuca, sujetando el casco, mientras la derecha, previo el quitar la carrillera de la barbilla, se coloca y toma esta y la visera a la vez.

A la voz ejecutiva de "ya", retiras el casco de tu cabeza, colocándolo en tu costado izquierdo, bajo tu brazo, con la visera hacia el frente y tu pulgar izquierdo a lo largo de esta. Tu mano derecha pasa a quedar con los dedos unidos y extendidos a tu costado derecho en la posición de firmes. A todos nos daba un cascazo en la cabeza o bien caminaba frente a nosotros y pedía le viéramos a los ojos y ahí nos soltaba tremendo gancho que nos hacía caer al piso, tratando de jalar aire.

¿Por qué a todos y no solo al infractor, si es que lo hubo? Aquí está una de las partes que te inculcan y te forjan un criterio, un carácter y te nace el deseo de cumplirlo, pues te haces consiente y te lo gravas en la piel y en el alma. Sufrir con y por tu hermano, amigo, compañero todo, bueno o malo que a él le pase, lo compartirás con él y te tatúas: **EL ESPÍRITU DE CUERPO Y DE PERTENENCIA, ESPÍRITU DE COMPAÑERISMO Y EL ESPÍRITU DE SACRIFICIO.**

Yo por mi parte, aunque lo comenté con mis compañeros, a nadie vi levantarse a hacer rutinas nocturnas de ejercicio, como lo hacía yo. Me dolía la dignidad, el orgullo, la vergüenza de que el Oficial Infante Instructor me doblara con un golpe, a mí que era de Caballería. Solo una vez fui derribado por él, y me juré a mí mismo que no sucedería más.

Y lo logré, llegó a darme hasta tres golpes seguidos mientras repetía:

—¿Qué a poco muy "felón", muy duro, eh? ¿Muy "felón" cab....n?

Por mi parte, yo lo miraba a los ojos con mucha rabia, sí, y sentía dolor, pero ya no me derribó, pues pudo más mi orgullo y vergüenza. Lo había logrado, ¡claro que sí! Mi abdomen estaba duro, y mejor optó por ponerme de ejemplo ante todos los demás.

XVIII • SOLO ES UNA PRÁCTICA

Cierta ocasión, mientras estábamos completamente abandonados, cayéndole como Dios manda, bien jetones, de pronto me (nos) despertó un grito fuerte que decía:

—Todo el personal de reclutas, van a tener diez para estar afuera formados.

Era el sargento Bonilla, el cual se encontraba en estado etílico (estaba franco y había estado ingiriendo bebidas embriagantes) y mientras comenzaba la cuenta, golpeaba el piso con la tabla. Todos procedimos a saltar de la cama y, en lo personal, solo alcancé a ponerme las sandalias y agarrar la playera y salir corriendo recordemos que dormíamos solo con trusa, y aunque la mayor parte del tiempo he mencionado solo al personal o grupo conformado por mí y mis doce compañeros que veníamos de mi regimiento, integrábamos parte de un Escuadrón, que, aunque no tenía el total de personal como el de un Regimiento, sí tenía un número de ciento quince reclutas.)

Por ello, al querer salir antes de que se terminara la cuenta de diez del Sargento, nos apretujábamos en el pasillo y la puerta para no "apañar tablazo". Algunos estaban solo con la trusa, sin siquiera chanclas. Eran exactamente la una de la madrugada. Y mientras escuchábamos el "Órale cab...s, para que se alivianen y salgan pronto a formar para la próxima", se oían claramente, los sonoros tablazos en las posaderas de los compañeros que no alcanzaron a salir.

Eran tiempos de diciembre, y ahí en Ameca, Jalisco, como en casi todo el estado, hace mucho frío. Por fin, el sargento terminó su labor, y acercándose al Escuadrón que ya permanecíamos formados en línea en tres filas, ordenó:

—Atención, firmes, ya. Abrir cuarto intervalo gimnástico, ya —A lo cual obedecimos.

Posterior a esto comenzamos con las series de lagartijas de puños, abdominales, normales y en “V”, saltos en escuadra, patitos y aguilitas. Ese fue el menú de esa madrugada, a los veinte minutos ya no hacía frío, el sudor mezclado con tierra del patio cubría nuestros casi desnudos cuerpos.

Finalmente, al percatarse que nadie en absoluto rechistó las órdenes y el ejercicio al que se nos sometió, dijo:

—Jóvenes, realmente me interesa que ustedes sean el mejor escuadrón de los tres que somos aquí en el centro, por eso, ni me vean feo, pues esto “solamente es una práctica”.

Posteriormente, sentenció:

—Ahorita que yo ordene romper la formación, voy a contar hasta diez para que estén al pie de sus camas, bañados.

A lo que procedió con la orden y el comienzo del conteo. Como supondrán, la gran desbandada no se hizo esperar y el llegar entre empujones hasta semi mojarte la cabeza, era toda una hazaña, sí, una completa proeza (recordemos que solo había diez regaderas y éramos cieno quince reclutas tratando de mojarnos), todo esto mientras se seguía escuchando el conteo y el golpear de la tabla del sargento en la puerta del baño.

El conteo de diez, terminó y nuevamente el concierto de tablazos no se hizo esperar. Todos los que no alcanzaron a salir de la regadera o que no se habían cuando menos mojado el pelo, eran “pasados por la leña”. Lo siguiente fue pasar por el pasillo y ver a cada uno que estuviese mojado y tras hacerlo, dijo:

—Tienen tres, para estar completamente tapados de pies a cabeza y roncando. —Sí, adivinaron, algunos que no nos habíamos alcanzado a secar, porque se ordenó firmes, así, mojados nos acostamos, lo demás lo hizo la sabana y la cobija. Y, por último, el sargento volvió a repetir—. Recuerden que solo es una práctica —y soltando una sonora carcajada se marchó.

Mientras yo comenzaba a recordar aquello que muchas veces escuché: “ahí los levantan a las cinco de la mañana y los bañan con agua fría”, mientras poco a poco me fui quedando dormido. Había que descansar el breve tiempo que faltaba de dormir, pues el levante extraoficial era a las tres y media de la mañana para alcanzar a pasar al comedor. Éramos en total alrededor de mil seiscientos reclutas que integrábamos los dos escalones en adiestramiento, y deberíamos estar listos y formados para pasar la lista de Diana e izar la bandera a las siete de la mañana.

A la hora del "bofe" (comedor. desayuno comida o cena), por la mañana, ya sentados a la mesa, y en pleno desayuno, de pronto se escuchó una voz muy conocida que decía:

—Muy buenos días, jóvenes reclutas, a partir de hoy, y en lo sucesivo, tendrán un complemento en su desayuno que contribuirá a su sana y buena alimentación. Cocineros, traigan la vitamina—. Sí, era ni más ni menos que el director del centro.

Al instante, aparecieron por todos lados los cocineros con sendos "peroles", y a cada uno se nos colocó en nuestro plato de seis compartimentos un huevo tibio. Acto seguido, cuando todos tuvimos nuestro respectivo huevo, nuevamente habló el director diciendo:

—Tomen su huevo y a la cuenta de tres, todos procederán a comérselo. Aquel que cometa la osadía de vomitarlo, escupirlo o esconderlo, tendrá ración especial de diez huevos para el solo.

Aunque me dio un poco de náuseas, lo comí y al salir del comedor, pude darme cuenta de que en unas mesas "especiales" había alrededor de treinta y cinco reclutas con sus platos y una buena cantidad de huevos. Muchos oficiales eran los encargados de supervisar que dieran cuenta de su "dieta especial de huevos tibios". Eran los que vomitaron, y todo aquello estaba convertido en un concierto de toser y algunos, seguir vomitando.

XIX • GRANADA

Como supondrán, dentro del adiestramiento individual de todo soldado, una de las principales Materias que se imparten es el conocimiento del armamento, individual y colectivo Ya se había culminado y se nos había evaluado la materia de Granada de Mano, por lo que ya sabíamos, datos numéricos, características y nomenclatura, así como maniobrarlas y lanzarlas en sus diferentes formas y, en caso necesario, cómo cubrirnos y defendernos, utilizando los abrigos y las cubiertas y posición a adoptar, en caso de que cayera lanzada intencionalmente a nosotros o accidentalmente, alguna granada ofensiva o defensiva.

Si eras objeto de agresión con alguna y no había algún abrigo cerca, tenías que considerar que tarda de cinco a ocho segundos en explotar después de ser deschavetada. Por consiguiente, si pretendes correr, no tendrás el tiempo suficiente para librarte. Es necesario que, al caer cerca de ti la granada, inmediatamente te tiendas dando frente hacia la granada, con tu mejilla izquierda o derecha pegada al piso, brazos y piernas completamente pegados al cuerpo y soportar así la explosión, que como es lógico en situación real, las esquirlas chocarán con tu casco antibala. Lo más seguro que tus dos hombros terminen heridos, pero tus partes vitales del cuerpo estarán a salvo.

Cómo olvidar las veces que, con el objeto de divertirse a costillas de nosotros, algunos oficiales de Armas contrarias a la nuestra, al vernos pasar frente a ellos, en los tiempos "muertos" que no había actividades, y por grupitos entre compañeros, nos desplazábamos hacia la cafetería, por ejemplo; mientras caía la lluvia y estaban formados charcos con su característico lodo negro, alguno de ellos (oficiales), apuraba su soda y tras lanzar su lata al lodo gritaba:

—Reclutas, granadaaaa.

Sí, había que tenderse, donde fuera, agua, lodo, piedras, en la posición ya descrita, sin importar la torta, soda, pan o lo que llevaras en las manos. Hasta escuchar la orden de:

—Firmes, ya. Tienen cinco minutos para estar aquí, cambiados con un uniforme limpio. —Sí, efectivamente, había que correr... ¿dije correr?

¡Volar a cambiarte! Y regresar a presentarte con el oficial, exactamente en las condiciones de vestuario que ordenó, pues: "a toda orden de un superior, corresponde un parte". Como se darán cuenta, todo era "hostigoso", inflexible, duro y nefasto, pero era necesario (cuando menos así lo creímos, lo sentimos en su momento, y años después, se llega a comprobar en las diversas situaciones en campaña). Por consiguiente, hasta lo agradecíamos, pues para nosotros y en nuestra situación de reclutas... era necesario para que "aleonáramos".

Si esas dosis de hostigamiento en el centro te despiertan, te hacen andar a las "vivas", pendiente de todo y de todos, con precaución, desconfianza y listos a una reacción inmediata. Esa reacción que ahí se practicaba a regañadientes, es la que viene a salvarte la vida años después en una situación real. Y recuerdas el pasado en el "infierno" y bendices y agradeces a todos esos instructores que ahí llegaste incluso a odiar, por sus excesos que te enseñaron a y salvar tu vida.

XX • ENCONTRONAZO DE TROPAS

Cierta vez, cuando ya estábamos aproximadamente a la mitad del adiestramiento, ya éramos el Escalón más numeroso que quedaba, los veteranos ya se habían graduado. Éramos los veteranos, se aproximaba el fin de año y el escalón que nos sucedió era muy pequeño. A esas alturas, estás completamente consciente de la importante misión que tienes sobre tus hombros, pues eres militar: defenderás a tu patria, a tu país, a tu gente, sin dar ni siquiera medio paso atrás. En el momento dado, pondrás tu pecho y darás tu vida por ellos.

Pues bien, en cierta ocasión, cuando andábamos corriendo en Educación Física, como en ocasiones lo hacíamos por el centro de la pequeña ciudad de Ameca, nos gustaba cantar las tradicionales porras y arengas militares y que la gente nos viera y nos escuchara.

De pronto, en la manzana de enfrente, vimos que doblo hacia nosotros una Compañía de Infantería que se dirigía a paso veloz también hacia nuestro escuadrón, abarcando,(al igual que nosotros), la totalidad del ancho de la calle por lo que el oficial comandante de notros gritó:

—No se abra nadie, los del frente (íbamos estaturados, los más altos a la cabeza) abran paso, y si no se quieren quitar los Infantes, denles con todo, alguna bronca yo respondo. —Sobra decir que mismas indicaciones habían recibido las tropas de enfrente, por lo que el "cerrón" era inminente.

Esta parte que narraré a continuación, lo dejo a criterio de todos y cada uno de ustedes, tal vez otro en mi lugar no lo contaría por vergüenza, sin embargo, aquí lo tienen. Mi complexión física siempre fue delgado y solo alcanzó el 1.62 metros de altura, y como ya lo dije, a mis diecisiete años solo era "una vil cría", con una cara de niño que no podía con ella. Por consiguiente, mi lugar a la hora de formar estaturados era casi hasta el final, pues aunque resulté difícil de creer, había algunos pocos más chaparros que yo. Pues bien, ese día, corría poniendo mi mejor cara de "niño enojado", por lo que me sorprendió una voz que me decía:

—Vente, antiguis, aquí atrás de mí, agárrate de mi playera y no te sueltes, yo iré abriendo camino y tú solo sígueme. Si te dejo aquí atrás te harán pedazos los cab...es infantes.

Era un compañero y amigo de mi regimiento que con sus 1.70 metros, prácticamente se ofreció a servir como mi escudo humano. Abrimos el paso, hasta que se situó en la primera línea, que es la que soportaría el primer embate humano, y quizá el más fiero; yo quedé colocado en la segunda fila, tras de él.

El choque de tropas era inminente, la consigna era la misma: "no abrirse por nada del mundo y pasar sobre lo que sea y al precio que fuera". No había escapatoria y tampoco cruzó por nuestra mente, en ningún momento, hacernos a un lado, pasara lo que pasara. El encontronazo fue de pronóstico reservado, pues todos teníamos el mismo "chip" en cuanto a adiestramiento se refiere; caídos, golpeados, arañados y hasta prisioneros de los dos bandos.

Por mi parte, "mi escudo humano" cumplía su cometido y entre la trifulca me hizo que me tomara de su playera, mientras él repartía golpes y empujones. Mientras tanto, por mi parte, solo me tocaba rematarlos con mi puño libre y pisar a los caídos. Por fin, del otro lado noté mi playera rota y un arañazo en mi costado derecho.

Por su parte, las personas que observaban desde sus ventanas tan inusual trifulca no daban crédito al espectáculo que les fue llevado a domicilio, y tal vez alguien llamo a la policía, porque de pronto aparecieron varias patrullas cerrando la calle por ambos extremos. Mas al observar que éramos militares o, mejor dicho, reclutas del centro, simplemente se quedaron también como observadores. No hicieron nada en absoluto.

Los oficiales respectivos ordenaron media vuelta al resto de lo que quedó en pie de tropas de cada bando y, al llegar al terreno de batalla, y tras recoger a todos nuestros compañeros, nos reunieron y nos dijeron que todo quedo ahí, sin resentimientos, ni rencillas. Y que tuviéramos en cuenta que, en un conflicto internacional, aunque fuésemos de diferente Arma, tal vez algún día nos tocaría pelear juntos y que ahí dependeríamos uno del otro.

Todos lo comprendimos a la perfección y aunque golpeados, con ojos morados, nariz o boca sangrantes, etc., nos abalanzamos de nueva cuenta, Infantería contra Caballería, pero ahora... hubo muchos saludos, palabras de reconocimiento y respeto, hasta abrazos y felicitaciones entre todos, y con gran respeto por no habernos hecho a un lado.

Gran festejo, ante los ojos incrédulos de las personas que, desde sus ventanas, habían presenciado tal acontecimiento. Tal vez no alcanzaban a comprender y se estarían preguntando: "¿qué es lo que eran esos hombres, de qué estaban hechos? Pues hace unos momentos, actuaban como máquinas de matar y el odio era su combustible, para luego abrasarse, mostrando que dentro de sí bullía un sentimiento de fraternidad que los unía y dejaban de lado, esa lucha fratricida en la que minutos antes se habían enfrascado".

Todo fue, sin lugar a dudas, un "ROUND ENTRE CABALLEROS". Algunos golpeados y sangrantes, otros ilesos, pero había que cerrar y olvidar ese capítulo, pues como ya sabemos, los caballeros simplemente... no tenemos memoria.

XXI • POR FIN COBRANDO HABERES

Una quincena más cumplida, y de pronto el sargento "Ladilla", como le decíamos a escondidas de él, nos comunicó que por fin cobraríamos por primera vez desde que causamos alta. Se nos pagaría todo lo atrasado. Era treinta de noviembre.

Nuestro oficial, sargentos y cabos de unidad se dedicaron a enseñarnos a dar enérgicamente y con mucha decisión, el desplante con el pie izquierdo, así como la unión del derecho a este, haciendo sonar fuerte el choque de los acicates metálicos. Se nos llevó donde el teniente coronel, sentado en una silla y con una pequeña mesa frente a él, tenía las nóminas para firmar y los sobres conteniendo el dinero de cada uno.

Fuimos colocados en una columna frente a la mesa, exactamente cinco pasos antes de esta. Al decir el director: "soldado de Caballería" (o Infantería en su caso), se flexionaba el pie izquierdo, y tras mencionar tu nombre, emprendías la marcha con un tremendo desplante al frente, dabas los cinco pasos, y hacías alto con otro fuerte desplante con el pie izquierdo y unías el derecho con fuerza, quedando en la posición de firmes y, de inmediato, como si de un resorte se tratara, tu mano derecha procedía a hacer el saludo correspondiente, a la vez que con toda la fuerza de que era uno capaz, gritabas: "estoy presente, mi teniente coronel", para quedar inmóvil en la posición de firmes, viendo al director directo a los ojos, los cuales te escudriñaban de todo a todo.

¡Ay de ti que no fueras bien lustrado de tu calzado, uniformado, sector mal pegado, escudos o acicates sucios, mal afeitado, etc., pues el castigo era ejemplar! Cabe señalar que, por lo regular, se pagaba por las tardes y se terminaba en ocasiones hasta las doce de la noche, aproximadamente.

Tras decirte la cantidad devengada, firmabas la nómina, y cuando te decía: "adelante", nuevamente hacías el saludo, con tu mano derecha y en tu mano izquierda llevabas tu sobre, gritando a la vez del saludo, con toda tu fuerza: "con su permiso ,mi teniente coronel"; girando enérgicamente tu cuerpo para que, con un fuerte desplante al frente, rompieras la marcha por un flanco derecho, se daban siete pasos al frente y hacías alto por media vuelta con su respectivo desplante y unión de los talones.

En la posición de firmes, contabas tu dinero (o simulabas contarlo, el temor era más grande que verificar si estaba o no tu dinero completo), y procedías a gritar con todas tus fuerzas: "sin novedad en mis haberes, mi teniente coronel."

Ese era el día más temido por el personal de clases, (sargentos y cabos) que les tocaba estar de Guardia en Prevención en día de pago de haberes, pues aquel "recluso" que no hiciera bien, el desplante, el saludo, el grito fuerte, el giro para emprender la marcha por el flanco derecho, etc., el director de Centro gritaba:

—Comandante de la Guardia —A lo cual se escuchaba un fuerte grito en la misma.

—Ordene, mi teniente coronel.

— Mira, mándame un cabo de la Guardia y que se lleve a este pin... recluta, quiero verlo y escucharlo hacer el desplante y gritando toda la noche.

Literal... era toda la noche. Ustedes se imaginarán, ¡si mil seiscientos reclutas cobrábamos, la gran cantidad de estos que permanecían toda la noche gritando, dando desplantes y haciendo flancos derechos, supervisados por los cabos de la Guardia!

Cuentan algunos que les toco "apañar", que por allá por las tres de la madrugada, algunos cabos, cansados de no dormir y escuchar gritos y desplantes, en ocasiones ponían "relax" a los reclutas. Y, de repente, se aparecía el teniente coronel y gritaba:

—Comandante de la Guardia.

—Ordene, mi teniente coronel.

—Mira, elabórale una boleta de arresto, ya graduada con quince días al cabo. Por no tener a los reclutas gritando y haciendo los desplantes como yo ordené. Y si reincide, levántale su acta correspondiente por desobediencia.

Levantarte acta es ni más ni menos que ser enviado a la prisión militar a pagar tu delito cualquiera que sea este, para lo cual causas bajas de tu unidad y alta en la prisión militar, por el tiempo que el tribunal militar te condene después de ser juzgado.

En lo personal, nunca me tocó apañar y quedar ahí toda la noche gritando. Siempre me dediqué a tratar de no fallar, tal vez sea un defecto o cualidad, a juzgar de cada quien; pero siempre tuve ese rechazo a servir de burla a alguien por algo que al parecer era fácil de dominar. Ese era el procedimiento de cada quincena.

XXII • PREPARANDO LA GRADUACIÓN

Muchos fueron los sucesos y experiencias vividas y sufridas en el C.A.B.I., pero realmente si me dedicara a contar todo aquello, se necesitaría plasmar un libro completo, especialmente para relatarles todo lo que fue el adiestramiento, mi transición de civil a militar. Por fin, aunque solo iba por tres meses, por motivos que se nos dijo eran errores en México, nuestro adiestramiento se prolongó hasta cuatro meses y medio, y el consuelo que nos daban era que saldríamos mejor preparados que todos los anteriores.

Finalmente, los vientos de graduación nos acariciaron, y comenzaron con los preparativos de la ceremonia, donde se habían de representar ante nuestras autoridades militares, familiares de algunos de los reclutas que vivían cerca e invitados en general, diversos ejercicios prácticos de las materias en las que fuimos evaluados, por ejemplo, cómo montar un campamento con sus vivacs, transporte de heridos, fuego y movimiento, una incursión, una emboscada, salto de catapulta, suertes a caballo, paso de la pista del combatiente, esgrima a la bayoneta, defensa personal, desarme y arme con el arma individual con los ojos vendados, tabla de orden cerrado a tiempos perdidos, etc.

Diariamente, después del "rancho" del medio día, comenzamos a desplazarnos, atravesando toda la pequeña ciudad de Ameca, para llegar al regimiento de Caballería Motorizado, que tenía su sede en esa plaza. El motivo era que ahí se llevaban a cabo las graduaciones de todos los escalones de reclutas, pues había suficiente espacio para las demostraciones y contaban con pista del combatiente individual.

Los diferentes papeles a desempeñar dentro de la graduación, ya se habían repartido, ya fuera por unidades o grupos. Por ejemplo, a mis compañeros del primer o segundo regimiento de Caballería, invariablemente les tocó hacer la presentación montados a caballo, mostrando la destreza y gallardía del soldado a caballo, desplazamientos, un minidesfile y suertes de equitación. Todo esto en virtud de que mencionados regimientos, eran neta y totalmente montados a caballo, a diferencia de mi regimiento, que era motorizado (ya solo conservaba ciento cincuenta caballos aproximadamente, pues ya contaba con vehículos a motor. Y la planilla orgánica del regimiento era de más de quinientos elementos).

Yo fui encuadrado en un grupo, el cual, junto con otros cincuenta y nueve reclutas más, nos tocó pasar, durante el desarrollo de las demostraciones, los obstáculos del muro de piedra, el foso de salto y el cable horizontal; mismos que me toco cruzar solo tres veces durante el tiempo que duró el ejercicio. Los tiempos eran perfectos. La ceremonia debería durar solo una hora aproximadamente. Todo estaba perfectamente cuadrado.

XXIII • ¡YA SOY VETERANO!

Por fin, después de cuatro meses y medio de risas, llantos en el silencio de la noche, azotado por los recuerdos y la añoranza familiar, ya me había convertido, como decía nuestro director del Centro, en "un desalmado que, por cumplir con el deber, era capaz de entregar a su propio hermano si este llegara a delinquir algún día", o como también lo decía, convertido "en una perfecta máquina de matar sin miramientos a quien te apuntara con un arma".

El día de la graduación llegó, todo estaba listo y el personal del regimiento sede había decorado su unidad para la ocasión. Ya como a las diez de la mañana todo estaba listo. Y yo portando mi uniforme de percha (completamente nuevo), nuevamente me sentía entre nubes. Por fin la graduación tan soñada, tan anhelada, después de tan sufrida estadía en el centro.

Todos formados, aproximadamente setecientos reclutas que en una hora aproximadamente, dejarían de serlo, para pasar a formar parte de los veteranos y listos para salir a las operaciones en sus batallones y regimientos, y aplicar todos los conocimientos adquiridos ahí, en el Infierno.

La bulla y algarabía era general, y de pronto el toque del Trompeta de Órdenes mandó:

—Firmes y presentar Armas.

El protocolo se realizó para recibir a las autoridades militares con los respectivos honores militares de ordenanza que tocaba la banda de guerra del regimiento sede, así como el discurso oficial de bienvenida y apertura de la ceremonia de graduación por parte del orador.

Todo en absoluto marchaba de maravilla, pero justamente, y cuando estaban las palabras de agradecimiento dirigidas por uno de mis compañeros a graduarse, tal vez el sol del casi medio día que nos quedaba de frente, me comenzó a marear. Sentí mucho escalofrío recorrer mi cuerpo entero, a mi compañero de enfrente le dije y a los de al lado y, por consiguiente, al de atrás de mí, tratando de no moverme mucho para pasar desapercibido.

Desabotoné los primeros botones de mi guerrera, saqué mi arma que estaba suspendida del hombro y la puse en el piso, como un tercer pie frente a mí y al centro, separé mis piernas y con una mano, me sostuve de la fornitura del soldado que tenía en frente, mientras el que estaba a mis espaldas hacía lo propio conmigo, para que si me desmayaba por completo no cayera de golpe. Todo se volvió negro a mi alrededor, gotas de sudor frío resbalaban por mi rostro mientras yo inhalaba y exhalaba aire, tratando de autorrecuperarme.

Poco a poco comenzó la recuperación, pues tuve la suerte que algunos otros no tuvieron. En total fueron como siete los reclutas que se desmayaron. Y aún nos faltaba el ejercicio final, aquel que tanto practicamos los últimos días. Recuperado por completo, me di la tarea de abrochar mi guerrera y fornitura y colocar mi arma en mi hombro derecho y, por primera vez, tal vez, agradecí a Dios el ser un poco "recortado de estatura", pues enfrente nadie se percató de nada.

El ejercicio terminó y tras el discurso oficial de felicitación por el comandante de región y de zona militar, por fin estuvimos en firmes para presentar los honores de ordenanza y despedir a nuestros generales, que se me hizo eterno. Y, de pronto, el toque de "Descanso a Discreción" fue música de ángeles para mis oídos.

Algarabía, total, festejo, felicitaciones, despedidas, llanto risas e intercambio de alguno que otro detalle como pañuelos o sectores de las diferentes unidades de caballería y hasta de Infantería. Muchos que ahí nos conocimos, de alguna u otra manera, que convivimos de tal o cual forma, jamás en nuestras vidas nos volveríamos a ver (y así sucedió). Por fin lo que comenzó como un sueño de niño se estaba haciendo realidad (cuando menos en su primera fase). Por fin graduado ya era soldado, dejaba de pertenecer a ese círculo de reclutas que no merecían ni el aire que respiraban.

Era un soldado, sí. ¡Por fin un combatiente, un completo soldado veterano, un guerrero nuevo, hecho y derecho! ¡Por fin mi sueño tan anhelado, la carrera que por siempre abrasaría! Sí, ahí estaba ya incluso con las lágrimas en mis ojos porque después de tantos esfuerzos, tablazos, desvelos, sudor, lágrimas, desgaste físico, y emocional, por fin ahí tenía el fruto en mis manos.

Ahí estaba vestido con mi uniforme de percha, la ceremonia de graduación apenas había concluido; y con mi reducido pecho inflamado por el orgullo volteaba al cielo y daba gracias a Dios y a mi morenita del Tepeyac, porque ahí estaba ya la primera parte de ese sueño que tuve desde aproximadamente los cinco o seis años.

Tarde se me hacía para llegar a mi casa y correr a refugiarme a los brazos de mi madrecita querida y apretar fuertemente la mano de mi padre y decirles: "Aquí estoy, este es el producto de mis sueños, gracias por apoyarme y creer en mí, ahora todo lo demás deberá venir por añadidura".

XXIV • NOVATADA

Con mucho entusiasmo se nos recibió en el regimiento por el personal de tropa, pues éramos trece posibles relevos para la Guardia en Prevención (el regimiento al que pertenecí y al cual me estaré refiriendo a lo largo de esta historia, todo el tiempo fue y hasta la fecha, sigue siendo 100 % operativo y, en ocasiones, el personal que se queda en plaza llega a estar hasta tres días, de servicio, sin relevo).

Y efectivamente, llegando, tras la bienvenida que se nos dio por parte del Mayor de Caballería jefe de la Sección de Personal, Abastecimientos y Ayudantía (S.P.A.A.), se nos envió a nuestros respectivos Depósitos de Armamento de nuestro Escuadrón correspondiente, para que se nos entregase nuestra dotación de cargadores y cartuchos completa.

Durante el adiestramiento, traíamos el arma desabastecida, sin cargador, por consiguiente, sin cartuchos, a fin de evitar cualquier accidente o fricción entre compañeros. Solo en las prácticas de tiro se nos prestó nuestro cargador del arma y en cada cuadro de tiro que se iba evacuando, se nos daba la cantidad de cartuchos a consumir.

Al reunirnos de nuevo, se nos pasó lista y revista del armamento y se nos condujo directo a la Guardia en Prevención. Para mis adentros me dije: "estando aquí en mi unidad, si quieren que me dejen permanente. Es mi unidad, nada que ver con el Infierno del C.A.B.I., algún día saldré a visitar a mis padres. Además, antes pensaba que, siendo uniformado de verde olivo, aunque se me tuviera siempre lavando baños". Por fortuna, mi realidad era diferente.

Cierto día me encontraba de "fajina" limpiando vidrios en la "cuadra" (dormitorio del personal, pero recuerden que estamos hablando de un regimiento de Caballería, en vías de motorización, pero provenía de ser 100 % de montado a caballo, y como a las caballerizas, también se les denomina "cuadras", por eso la comparación). El caso es que cuando más entretenido me encontraba, se me acercó el cabo encargado del Depósito de Armamento, Vestuario y Equipo y me dijo:

—Soldado, ven. —Orden que de inmediato obedecí al paso veloz. Llegué tres pasos frente al e hice adoptando la posición fundamental de firmes, el saludo correspondiente diciendo:

—Ordene, mi cabo.

—¿Ves a aquel señor que se encuentra allá, lavando su carro?

—Sí —respondí.

—Bien, mira, él es un capitán, solo que ahorita está franco y, por ello, anda de civil. A él le gusta mucho que le digan Cabeza de Res, en ocasiones hasta le da mucha risa y les da franquicia (Pase de salida del cuartel para irte a tu casa, hasta el día siguiente) y tiene algo que te va a entregar. Vas a ir al súper paso veloz, llegas, te paras firmes y le dices: "Mi capitán Cabeza de Res, estoy presente para que me dé mis MARINOLAS". Y él te las dará y te indicará cuando te retires.

Me pareció algo extraño, pero solo pregunté:

—Oiga, mi cabo, ¿y qué son marinolas?

— Tú no preguntes, él te las dará y verás lo que es, a todos nos las han entregado al llegar del Adiestramiento. —Con la firme intención de cumplir al pie de la letra toda orden que recibiera de un superior, salí al paso veloz hasta quedar firmes frente al capitán y tras efectuar las demostraciones de respeto le dije:

—Mi capitán Cabeza de Res, estoy presente para que me entregue mis Marinolas.

Inmediatamente, el capitán en tono colérico me respondió:

—¿Tú quién ching...eres pin... recluta pend... Y quién fue el hijo de su pinc... mad... que te mandó?

Con mi cara de niño, sorprendido porque me habían "chamaqueado" le contesté:

—No, mi capitán, no me mando nadie. A lo cual, como sabiendo de donde yo había salido, grito:

—Jibaroooo —Y allá, dentro del depósito se escuchó al depositario que respondió:

—Ordéneee.

—Ven para acá cab...n.

De inmediato, apareció el cabo al paso veloz y tras presentarse, el capitán fue el que habló diciendo:

—Te presentas arrestado pinc...e cabo pend...o ¿por qué mandas a este pend....o recluta a decirme eso? —El cabo nada respondió, y el capitán prosiguió—. Para la próxima, solicitaré al coronel autorización para levantarte el acta correspondiente para que te vayas al pin... bote por insubordinación. ¿Está claro?

Enterado, mi capitán.

—Órale, retírate y enséñale cosas buenas al pinch...e recluta, no pend....das y al rato te hago llegar tu "cheque" para que lo firmes.

Nos retiramos de ahí y durante el trayecto me dijo el cabo:

—Ya apañaste, recluta.

—Pero mi cabo, si yo ni le dije nada de usted.

—Guardé silencio, soldado, y retírese —Fue su respuesta.

Por la tarde, tocó recibir uniformes de percha del depósito y... ¡acertaron! Fui el último a quien se le hizo entrega de uniformes. Entregándome dos flamantes uniformes verde olivo de montar talla 38 y unas botas de montar tres hebillas del número 28. Recuerden que soy delgado y mido 1.62 metros y mi número de calzado era 25.5. ¡Imagínenme a mí dentro de esos uniformes, y con esas botas puestas!

Al cabo "Jibaro" le calificaron su orden de arresto con quince días (la máxima graduación de arresto para un elemento de tropa, por una falta que no constituye un delito, y se cumple en el interior de los cuarteles en la Guardia en prevención. No puedes salir franco durante ese lapso de tiempo a recrearte fuera o a tu casa a ver a tu familia), por ello su descontento conmigo. Pero mientras, él me hizo a mí la novatada, donde pude también, a criterio del capitán, haber salido arrestado. Por fortuna para mí, no fue así.

XXV • SUEÑO TRUNCADO

En cierta ocasión, nos preparábamos para pasar la primera lista de la mañana (se pasaban cuatro listas de presente, a las siete de la mañana, a las dos y media de la tarde, seis de la tarde y nueve de la noche). El capitán que se encontraba desempeñando el Servicio de Oficial de Cuartel hizo que nos reuniéramos todo el personal y nos hizo el siguiente comunicado:

—Ponga atención todo el personal. Acaba de llegar a la Comandancia, un oficio de la secretaria de la Defensa Nacional, con la Convocatoria a todo el personal de tropa que quiera realizar el Curso de Paracaidismo. Se llevará a cabo en la Primera brigada de Fusileros Paracaidistas en la Ciudad de México. Esta convocatoria tiene dos situaciones que son las siguientes: la primera es el personal que quiera ir, realizar el curso y regresarse a la unidad, una vez concluido este; la segunda es el personal que quiera, realizar el curso y una vez graduados, causar baja del regimiento y Alta en La Brigada de Paracaidistas. Interesados, levanten la mano.

En aquel entonces, en el regimiento, había un sargento segundo del Servicio de Materiales de Guerra (todo lo relacionado a armamento de todo tipo y municiones) que, en su guerrera a la altura de la parte superior de la bolsa izquierda, ostentaba unas alas de paracaidista, por lo que me llamó la atención, pues solo se las había visto lucir a los oficiales que venían egresados del Heroico Colegio Militar.

La curiosidad me ganó y le estuve preguntando, a lo cual me comentó que efectivamente, él realizó el curso que, si bien es cierto que lo trajeron "al pedo ", también fue muy satisfactorio el graduarse y ganarse sus alas. En ese momento, me picaba la curiosidad por ver si algún día podría yo portar unas alas como aquellas, pero sin dejar de pertenecer a mi regimiento, motivo de tantos sueños y anhelos.

Por ese motivo, cuando el capitán de cuartel pidió levantaran la mano los voluntarios, no dude en dar un fuerte desplante al frente y levantar mi mano. Desafortunadamente, mi sueño se hizo trizas, cuando, al salir el teniente coronel de Caballería, "la Fiera", segundo comandante del regimiento a formar, y tras el toque de firmes, el capitán corrió a darle las novedades recabadas hasta el momento, informándole que ya tenía contabilizados a los voluntarios para la Convocatoria de Paracaidistas, respondiendo este:

—Déjate de pend....das, capitán, ya le pregunté a Mi coronel y ordenó que se contestara de inmediato el Oficio, informando a la superioridad que aquí en este regimiento, no hay ningún voluntario que quiera realizar el curso.

—¿Que no estás viendo la gran cantidad de vacantes que tenemos y que no logramos cubrir todavía?

Así es, mi querido lector, en ese tiempo en que cauce alta, según pude escuchar, se tenían aproximadamente ciento ochenta vacantes, en un regimiento donde la totalidad de la planilla orgánica era de quinientos elementos aproximadamente. Por consiguiente, si alguien se fuese a realizar algún curso en otra unidad, ya fuera ese de paracaidismo o algún otro, y que por "x" o "y" razón causara baja del regimiento, significaba una vacante más para el mismo, la cual sería muy difícil de cubrir.

He ahí el motivo de la negativa de que fuésemos a realizar el curso de paracaidismo a la Brigada de Paracaidistas en el Campo Militar No. 1 de la Ciudad de México. Así de golpe, me hicieron despertar de mi sueño. Tajantemente, me tumbaron "la cura". Así de fácil y así de sencillo.

XXVI • MAMÁ ENFERMA

Aún rondan en mi memoria aquellos días tristes que me pasé en el cuartel, pues hasta ahí llego una de mis hermanas para comunicarme que mi madre se encontraba enferma (todo comenzó cuando yo tenía aproximadamente doce años de edad, al fallecer mi hermano mayor, Juan. En un accidente carretero perdió la vida a sus veinticuatro años, de ahí en adelante, mi madre comenzó con padecimientos que antes no tenía).

Gracias a Dios y a mi morenita del Tepeyac, yo tenía afiliados a mis padres como derechohabientes, y alcanzaban la atención médica en todos los escalones de salud habidos en las Fuerzas Armadas. Para el momento en que mi hermana me dio tan desagradable noticia, mi madre ya se encontraba internada en el Hospital Militar Regional de Guadalajara, Jalisco.

De inmediato, corrí mi solicitud debidamente por los conductos regulares (solicité con mi cabo, él a su vez lo hizo con el sargento segundo, él llevó la solicitud al sargento primero y este con el subteniente, etc., etc., hasta llegar a quien corresponde) para hablar con mi coronel comandante del regimiento, a fin de conseguir autorización para trasladarme por mis propios medios hasta Guadalajara a visitar en el referido hospital a mi madre.

Tras el protocolo correspondiente y tras "confesarme" todos por quienes paso mi solicitud, el mayor de la S.I.I.O. (Sección de Información, Inteligencia y Operaciones), me condujo ante mi coronel. Ahí expuse los motivos de mi deseo de acudir a ver a mi madre. La respuesta de mi coronel me sorprendió sobremanera, pues con su rostro imperturbable me pregunto:

—¿Eres doctor, mi soldado, o eres Dios?

—No, mi coronel —respondí.

—¿Tú crees que con presentarte, y ella verte ahí junto a su cama, inmediatamente se va a curar?

—No, mi coronel contesté.

—Si tú me aseguras y me compruebas que así será, vete.

—No, mi coronel, no puedo asegurarlo.

—Okey, está bien, entonces lo haremos a mi manera.

De inmediato, llamó a uno de sus asistentes y lo mandó a que le hablara al mayor médico cirujano de ahí del regimiento, el cual se presentó al paso veloz ante mi coronel, y le dijo:

—Mira, jefe, la apreciada madre de este soldado se encuentra hospitalizada en el H.M.R., de Guadalajara; quiero que hables con quien tengas que hacerlo, a fin de que cada cuatro horas te informen del estado de la señora y a tu vez, le informes al soldado y a mí, personalmente, de las novedades. ¿Estamos?

—Enterado, mi coronel, de inmediato coordino la comunicación para las novedades.

El coronel, volviéndose hacia mí, preguntó:

—¿Está bien así o aún deseas ir a Guadalajara? —Cabe señalar en este punto que, en las Fuerzas Armadas Mexicanas, toda sugerencia de un superior... es una orden.

Se me ordenó que todo el día permaneciera cerca del Pelotón de Sanidad (instalaciones del escalón de salud del regimiento) y, efectivamente, cada cuatro horas el mayor médico me llamaba para que en mi presencia hiciera la llamada correspondiente al Hospital Militar Regional de Guadalajara y recibiera un parte verbal del estado de mi querida madre.

En lo personal, creo que el hecho de que yo estuviera a lado de mi madre en un momento tan crucial como es una enfermedad que te mantiene postrado en una cama de un hospital, atendido solo por personas que acabas de conocer, sí hubiera servido de mucho, sobre todo en el aspecto moral para la pronta rehabilitación de mi madre. Sin embargo, me quedó una fijación mental porque no se me permitió estar con mi madre, pero era otro de los aspectos para lo que fui entrenado en el C.A.B.I., había que aplicarlo, era ahí el examen, debía graduarme con honor.

Mi madre, afortunadamente, fue dada de alta a los tres días después de aquel suceso. Me sentía orgulloso, pues gracias a mi estancia y pertenencia al glorioso Ejército mexicano, mi madre tenía atención médica, pero también, aunque no era totalmente mi culpa, me sentía ruin por no haber podido acudir a visitarla. Pues aquel "visita de los enfermos" que recalca nuestro Padre Celestial en su testamento, no pude aplicarlo ni siquiera con mi madre. Y eso no pasa de moda, eso se carga para siempre y se muere con ello.

XXVII • CENTINELA

Dentro de todos los servicios de armas en el Ejército, uno de los más vistosos y de más orgullo, aunque cansado y estresante, es sin duda alguna el de Centinela en el Estandarte (corazón de la unidad). Cuando no entendemos el por qué o el verdadero significado de lo que es el ser el responsable de la razón de ser de mencionado servicio, no queremos, y nos llena hasta de rabia el ser nombrado a desempeñar dicho servicio. Al principio, lo llegué a ver como una buena forma de hostigamiento hacia mi humilde persona por parte del cabo de turno o del sargento segundo, segundo comandante de la Guardia en Prevención.

Sin embargo, al paso del tiempo que entre más y más se iba acrecentando, ahí en el regimiento (iba sumando antigüedad) iba viendo de distinta manera ese servicio, hasta llegar a verlo como el mejor, para lucir mi bien planchado uniforme y mis botas perfectamente lustradas, pues los jefes, por ser ahí la entrada Principal a la Comandancia y demás Oficinas, a cada momento pasaban jefes, oficiales y hasta el mismo comandante de la unidad.

Cierto día, estando en la perfecta posición de firmes en mencionado puesto, pasó por ahí el mayor jefe de la S.I.I.O. Al verme de reojo, no sé la verdad qué observó en mí, se regresó, se colocó frente a mí y de forma sutil, me dio una cachetada, a lo que no me moví, solo mi cara se giró ligeramente por el efecto de la misma. Al ver que no me moví, me tomo de la nariz, (dicho sea de paso, que Dios se portó sumamente generoso conmigo en ese sentido, pues me doto de una nariz aguileña de buen tamaño), pues bien, el mayor sonriendo me apretó y me sacudió la cara de un lado a otro. Sin obtener de mí ni una sola queja, sonriendo, me dijo:

—No te preocupes, mi soldado, a todos los que a veces veo aquí, les hago travesuras, pero es para romper el hielo y la rutina, discúlpame, es sin dolo, ¿estamos?

No respondí, solo asentí con la cabeza, sonando fuertemente mis acicates dorados, completamente lustrados y brillantes que lucía en los talones de mis botas de montar, en señal de respeto.

Como consideraba ese puesto de mayor presencia, importancia y gallardía, incluso llegué a solicitar el estar ahí de servicio durante la noche. Todo esto, debido a que me permitía reflexionar, orar a nuestro Padre Eterno y, como ya mencioné al principio, ahí nacieron algunos de los poemas que después escribiría, pues el turno era de solo tres horas en la posición de firmes (durante la noche, la posición era más flexible y la alternaba con la de en descanso, mientras no hubiera tránsito de alguien por ahí). Efectivamente, el puesto de centinela del Estandarte me sirvió de concentración, de musa.

XXVIII • POR FIN A "TERRENO"

Cuando ya tenía alrededor de un mes y medio aproximadamente de haber egresado del C.A.B.I., cierto día, mi capitán, el hombre lobo aquel que llevó mi armamento al "Infierno", vestido de civil y muy barbado, se cruzó conmigo en el patio principal del cuartel y me llamó, diciendo:

—Mira, soldado, vete al depósito, ármate y prepara tu equipo, dos uniformes, útiles de aseo personal, de calzado y de armamento. Saldrás a una base de operaciones por unos dos meses más o menos, lleva lo que ya sabes que tienes que llevar, te espero en quince minutos frente a la Guardia.

Corrí como un desquiciado, por fin saldría a "terreno", por fin sería "operativo". El armarme y sacar mis cosas, lo hice en solo diez minutos y al ir a abandonar el dormitorio, me encomendé a Dios y a la Virgencita de Guadalupe, me persigné (nunca sabes si te tocará estar ahí nuevamente de regreso o quedaras allá fuera, lejos en calidad de bulto) y salí corriendo a reunirme con el capitán. En total éramos tres los soldados que íbamos como relevos de alguien, que necesitaba bajar a Plaza.

Abordamos la camioneta "asegurada" (en aquel entonces había muchos vehículos asegurados en actos delincuenciales y el Ejército se servía de algunos de ellos para las diversas operaciones a realizar), era una Nissan de doble cabina y salimos a tomar carretera, hasta llegar a un poblado pequeño de los Altos de Jalisco.

Ahí nos recibió un sargento primero de Caballería, quien se desempeñaba como comandante de la base de operaciones, misma que constaba solo de un Pelotón (diez elementos), y servicios técnicos indispensables, "un traca" (elemento de transmisiones con su radio) y un soldado de sanidad.

Solo que había una situación que no cuadraba con nada, había dos soldados en una de las habitaciones atados de las manos a la espalda. Se nos entregó el armamento y el equipo de ellos, y nuestro equipo y armamento se le fue entregado al mismo capitán que nos había traído. Nosotros éramos el relevo de ellos.

Tras hacer la entrega de nosotros, el capitán y la recepción de los que se iban procedieron a retirarse, quedando yo en lo que sería mi primera base de operaciones como todo un soldado veterano.

Después me enteraron los soldados veteranos de esa base de operaciones que los que estaban atados, habían tomado dinero de un auto el cual habían revisado en un puesto de control y, por eso, se los llevaron detenidos. Meses después al regresar al regimiento, aquellos soldados ya no figuraban en la planilla orgánica del regimiento: se les había juzgado ya por el delito de robo, desdoro o desprestigio a las Fuerzas Armadas.

XXIX • COCINERO A LA FUERZA

No me da ninguna vergüenza el hecho de contarles que, en relación con la confección de alimentos, nunca tuve ni siquiera idea, pues siendo mi familia muy conservadora, eran las mujeres las que se encargaban de esas tareas. Los hombres nos preocupábamos de otros aspectos como el de acarrear leña para el fuego y, en ocasiones, el traer agua del pozo.

Por esto, créanme que sude frío cuando el sargento segundo Bonilla (quien fuera mi instructor el C.A.B.I. y al cual vine a encontrar nuevamente acá en la base), me nombró el responsable para la confección de los alimentos de los tres tercios de comida del día siguiente, dándome las indicaciones de los horarios propios de cada tercio (desayuno, comida y cena). Quedando bajo mi responsabilidad y libre decisión, que cocinaría en cada comida, pues había mucho abastecimiento.

Días antes, durante un recorrido en la camioneta pick up asegurada, a cargo de la base de operaciones, al pasar frente a las casetas de una granja de pollos, ubicada en un punto de tantos de la gran red de terracerías de los "Altos de Jalisco", un hombre salió corriendo tras nosotros haciendo señas con su sombrero para llamar nuestra tención.

Nos detuvimos y nos condujo hasta su patrón, quien dijo estar agradecido, por el hecho de que se realizaran patrullamientos en esa área, por nuestra parte. Y, sin lugar a réplica, hizo que se nos cargara en la camioneta lo siguiente: aproximadamente veinte pollos vivos, doce kilos de chuletas, dos barras de jamón, dos barras de queso de puerco, dos cajas de trescientos sesenta huevos, cinco kilogramos de tocino, doce kilogramos de chorizo y dos paquetes de cincuenta salchichas cada uno.

Como se darán cuenta, todo eso, sumado a las provisiones que ya se tenían en la base de operaciones, mismas que el regimiento cada diez días reabastecía, eran mucha materia prima para los alimentos. Al día siguiente, me levanté a las cinco de la mañana, me bañé y serían aproximadamente como las cinco cincuenta cuando comencé a gritar:

—Todo el personal, vayan pasando columna por uno a la cocina por su par de huevos, su puño de tortillas, un atún y, muy importante, un chile verde que le de sabor a su desayuno.

La mayoría lo tomó a broma y el coro de risas no se hizo esperar; no así el sargento Bonilla, quien en tono molesto le dijo a uno de los cabos:

—Mira, cabo, arma a este cab... y lo quiero ver de vigilante todo el día, hasta las doce de la noche y mañana está de cocinero, para que se le quite lo graciosito.

Efectivamente, eran las doce de la noche cuando pude al fin bañarme, después de permanecer todo el día de servicio de vigilante. Al siguiente día, cambié de táctica; tomé un trozo de queso de puerco, un trozo de jamón, pique chorizo, tocino y salchichas y chuletas y las puse a freír, mientras preparaba una salsa de jitomate, con cilantro y chile verde, y ocho dientes de ajo y mezclé la salsa con la carne.

La idea era "PURGAR AL PERSONAL". A las siete de la mañana todos pasaron por su ración, les serví y todos alababan el olor que despedía el desayuno. Cuando terminaron de pasar, me preparé mis huevos con salsa para librarla de la purga, sin embargo, a todos les agradó y me echaban flores y pedían más.

Decían que por qué había dicho que no sabía hacer comida, que eso estaba delicioso, pues sabía como a birria. En lo personal, solo callaba, pensando dentro de mí que al rato los vería correr al baño, lo cual nunca ocurrió. Entre más tarde se hacía, mi frustración iba en aumento, pues nadie corría al baño, sin querer me había anotado un diez con esa comida.

Por la tarde, tocó un delicioso caldo de res, el cual también fue felicitado (cabe señalar que aquí solo fungí como ayudante, pues un cabo lo hizo), y en la noche decidieron que había barra libre para que los que quisieran, podían prepararse lo que quisieran de todo lo que había en existencia.

Me había salido el tiro por la culata, pues estas dos comidas valieron para que algunos votaran a mi favor para continuar de cocinero, lo cual no acepté. Y pues realmente los sargentos eran "justos" y prosiguió el rol de cocineros, todos teníamos que pasar. Pero realmente ahora que lo recuerdo, pues me da risa y ahora estoy seguro de que cuando no estás o eres para hacer daño, aunque lo quieras, no puedes. Por el contrario, cada obra que hagas se te convertirá en bien para los demás.

XXX • "TIRANDO ACEITE"

Cierto día por la tarde, llegó la orden del cambio de la base de operaciones hacia otro lugar, siendo este un poblado pintoresco de ahí mismo, del área de los "Altos". Es importante creo, el contarles que cada cambio de coordenadas o de instalaciones, utilizadas como BB.OO. (Bases de Operaciones), me generaba una cierta espinita de desasosiego, pues aunque no lo acepta uno mismo, yo en lo personal, me encariñaba con cada lugar.

El cambio me dejaba pensando lo corta que es la vida y algún punto característico del lugar, me lo quería guardar en la memoria para siempre, pues estaba seguro de que muy difícilmente volvería ahí, como sucedió con muchos lugares. Jamás volví a la gran mayoría de los lugares. En todas las BB.OO., cuando llegábamos, si se establecían en los Poblados, o cerca de ellos, se acercaban muchos niños y nos ofrecían sus servicios para acarrear mercancía de la tienda, o nos ofrecían en venta tortillas, gallinas, etc. A nosotros nos interesaba mucho el obtener contacto con las "jefas" para mandar a lavar y planchar nuestros uniformes durante el tiempo que durara nuestra estancia en ese lugar.

San Ignacio Cerro Gordo, en aquel entonces, era un pueblito sin mucho de extraordinario, no muy grande, con calles empedradas, pero ya contaba con un pequeño cine. Tiempo después de establecernos ahí, se llegó la tan anhelada fecha en nuestro regimiento, 19 de febrero, ni más ni menos que "EL DÍA DEL EJÉRCITO", y coincidió que era un domingo.

Por la mañana, el sargento primero, comandante de la BB.OO., decidió que ese día no se efectuarían recorridos o patrullamientos. Motivo por el cual, me dediqué a lustrar muy bien mis botas "Tres Hebillas", entintándolas y quemándolas con alcohol, para que adquirieran mayor brillo, planchar mi uniforme de montar y "cirolear" mis acicates, lustrar mis escudos metálicos, afeitarme, etc.

Por la tarde, solicité el permiso correspondiente, acompañado de un compañero, para acudir al cine. Perfectamente uniformados, nos aproximamos a la taquilla y grande fue nuestra sorpresa cuando la señorita de la taquilla nos dio la bienvenida y nos invitó a pasar, diciendo que tenía órdenes de los patrones de dejarnos pasar sin pagar boleto por ser nuestro día.

Transcurrió la función sin novedad y al salir, ya era de noche. Casi en todos los pueblitos de Jalisco, en aquel entonces, las cosas no estaban como ahora, hablando de inseguridad. En las plazas o parques principales, se congregaba la gente, después de asistir a misa (la mayor parte de la gente era católica), un grupo de música ya fuera moderna, norteña, banda, mariachi, integrado por gente del lugar se ponían a tocar en el kiosco, mientras las muchachas, comenzaban a caminar alrededor de la plaza, en el sentido inverso a las manecillas del reloj, y los hombres o jóvenes lo hacían en el sentido de las manecillas del mismo.

Cuando algún muchacho se dirigía a alguna muchacha y esta aceptaba sus galanteos, este joven comenzaba a caminar con la muchacha, en el sentido de ella (inverso a las manecillas del reloj), así como aquellos que ya eran novios de alguna muchacha.

Pues bien, con el pecho saliente, erguidos y con el paso más gallardo que pudimos, comenzamos a caminar en el sentido ya descrito. Era una sensación muy difícil de describir, el darme cuenta de que toda la gente nos miraba mientras pasábamos y las muchachas nos decían adiós, nos saludaban y hasta nos pedían tomarse fotos con nosotros.

Este es uno de los puntos que disfruté al máximo en varias ocasiones que se presentó la oportunidad. Es realmente una muestra de que nosotros los hombres también tenemos nuestro corazoncito y también solemos ser vanidosos, en ocasiones.

Realmente, yo que lo llegué a vivir, doy testimonio de esto, pues créanme que, en lo personal, hablando de cualidades físicas, no soy muy agraciado que digamos, pero aquí la parte mágica la hace el uniforme. Sí, el uniforme, y más en aquel entonces, el uniforme de montar hacia la magia y realmente eras asediado.

Por eso ese día fue de un continúo "tirar aceite" sintiéndome el centro de atracción de muchas personas, chicos y grandes, antes de volver a la base aproximadamente a las once de la noche. Sí, antes de que el carruaje se volviera calabaza, cuando ya se disponían en la BB. de OO. para ir a buscarnos.

XXXI • ¿JUDICIALES?

Cierta ocasión, al ir transitando por la carretera que conduce hacia Arandas, Jalisco, el comandante decidió que estableciéramos un puesto de control para revisar algunos carros en la Aplicación de la L.F.A.F. y E. (Ley Federal de Armas de Fuego y Explosivos).

Cuando nos encontrábamos en plena tarea y yo en lo personal aprendiendo algo nuevo, como era eso de los puestos de control, de pronto el Cmte., quien interrogaba a algunos ocupantes de un carro, nos llamó que dejáramos todo y nos reuniéramos al paso veloz. Procedimos y nos reunió y nos dijo lo siguiente:

—Pongan atención "batos", según los ocupantes del carro que interrogué, me dijeron que ya los habían revisado al salir de Arandas, que eran seis Judiciales que traían una Camioneta negra. Cosa que no es cierto, pues en dado caso tendrían que venir a coordinarse conmigo. Vamos a ir para allá, llegaré e inmediatamente me estacionaré enfrente de ellos, atravesando la camioneta, le saltan inmediatamente cubriéndose, lo más seguro que haya plomazos.

»Esos reclutas nuevos, (refiriéndose a mí y los otros dos que vinimos de relevo); ustedes me preocupan más. Traten de quedar cerca de alguno de sus compañeros veteranos, por favor, no se vayan a engarrotar y accionen con el primer plomazo que nos tiren, a mis órdenes o de Bonilla, suéltenle, pero no a lo pend...jo, apunten, cada disparo debe ser un muerto.

»Si es posible y si es necesario, trataremos de maniobrarlos por medio del fuego y el movimiento, pónganse bien truchas cab...nes. Recuerden muy bien, trataremos de detenerlos, pero si disparan ellos, es como si autorizaran a que en sus casas se tome café próximamente.

»Recuerden que somos la máxima autoridad en México, y se nos respeta o nos hacemos respetar. Todo aquel que levante un arma en contra nuestra es porque ya "le apesta la vida" y quiere terminar ahí, frente a nosotros; y de que lloren en mi casa o de que lloren en la de ellos, pues está bastante claro: mejor en la de ellos".

Salimos "hechos la mocha", rumbo al crucero de Arandas y, en lo personal, fue realmente curioso, pues creí que, llegado el momento de un posible enfrentamiento, tendría mucho miedo, ¿y saben qué? Cuando lo asimilas con responsabilidad, te das cuenta de que para eso firmaste y que ese es tu trabajo y que, por consiguiente, ese es el riesgo. No sentí nada, solo la adrenalina correr por mi sangre y un ansia de llegar y que se hiciera el "refuego" para ver de qué estoy hecho, pensaba.

Todo el camino me fui acariciando a mi morenita (mi C.A.L. Carabina Automática Ligera), y hablándole mentalmente, le decía que no me fuera a dejar abajo, que este sería nuestro bautizo y que lo haríamos muy bien. Pues esa gente mala que ofende, que agrede que lastima, que roba, que envicia a nuestra gente, a nuestro pueblo, a nuestras nuevas generaciones, simplemente no merece estar libre.

Gran desencanto para mí fue llegar y solo encontrar los mecheros ardiendo (botes con arena, grava, estopa y diesel). Ya no estaban, se habían ido. Quedaría pendiente mi bautizo en un enfrentamiento para la próxima.

XXXII • ¿MI ARMA... DÓNDE ESTÁ MI ARMA?

Cierta ocasión, al estar revisando vehículos en una de las carreteras que unen a Jalisco con Guanajuato, se detuvo un camión de carga. Al revisarlo, nos percatamos de que iba cargado de sandía, se dirigía hacia León, Guanajuato. Eran alrededor de las diez de la noche. Dos de mis compañeros se subieron, lámpara en mano, uno por cada lado a la canastilla del camión a verificar la carga.

Todo fue muy rápido, revisamos y se fue el camión. Nosotros a la vez abordamos la camioneta y salimos con rumbo a la BB.OO. Ya casi al llegar, a nuestra base, uno de mis compañeros, comenzó a gritar:

—¡Mi arma, mi arma, mi arma!

Hasta ahí nos dimos cuenta de que no iba armado el soldado, y el cabo de inmediato golpeó fuerte el toldo de la camioneta, la cual se detuvo de inmediato. Rápidamente, puso en antecedentes a los sargentos, los cuales nos preguntaron si el soldado había traído su arma y claro que respondimos que sí.

Todos caímos en la cuenta de que el soldado fue uno de los que se subió a inspeccionar la canastilla del camión de las sandias. De inmediato, abordamos la camioneta y el sargento dio la indicación que todos fuésemos sentados abajo. Y, prácticamente, volamos a perseguir al camión de las sandias.

En completo exceso de velocidad, devoramos la carretera y saliendo de nuestro sector de responsabilidad. Aproximadamente a las diez con cincuenta minutos, cuando avistamos a lo lejos el camión; le dimos alcance ya casi llegando a San Francisco del Rincón, Guanajuato. El soldado, al detener el camión, voló hacia arriba de la canastilla y, efectivamente, ahí estaba el arma.

Nada más bajar, el sargento Bonilla agarró a patadas (literal), al soldado y le dio tres "jiricuazos" (unes tus piernas en la posición de firmes, y doblas tu tronco del cuerpo, te tomas de las rodillas como si fueras a recibir un tablazo, pero aquí el verdugo te da el golpe en la nuca con la palma de la mano).

Todo quedo en un susto para todos. ¿Que por qué para todos? Verán... cuentan los soldados viejos que anteriormente, cuando en alguna BB. OO. se llegaba a perder un arma, llegaban los "Hombres de Negro" (Agentes de la Policía Judicial Federal Militar), y comenzaban las "calientes". A todo el personal de la base de operaciones, los pasaban al "cuartito oscuro" a fin de "sacarles la sopa" (eran torturados).

Cuentan los soldados viejos que se comenzaba por el usuario del arma, después los comandantes de mayor a menor jerarquía, y se continuaba con el resto del personal. Si se comprobaba que alguno tenía el arma, la había vendido, enviado a su casa, etc., y no decía, según esto, comenzaban a desaparecer a sus familiares y, de alguna manera, se lo hacían saber al elemento, hasta que confesaba. Después curiosamente, nadie volvía a saber del elemento, solo se rumoraba que había cometido el delito de deserción.

O tiempo después, alguien se lo encontraba en cualquier calle de algún pueblo, en calidad de "enfermo mental", ocasionado por la tortura recibida de parte de los "Hombres de Negro" por el extravío del arma. Esto cuentan los soldados viejos; en lo personal nunca lo viví, nunca supe de algún caso comprobado, nunca conocí a alguien que lo haya vivido; por consiguiente, no me consta.

Solo lo cuento como se me contó, pero repito, sin pruebas ni detalles que me dieran luz de veracidad. Por lo que queda y se escribe solo como un mito, mismo que envuelve y llama la atención. Por eso el sudor frío de todo el personal de la BB.OO. en aquel cruento día. De inmediato, volvimos a nuestro sector a toda velocidad, pues era otro riesgo el ser encontrado por alguna autoridad militar, invadiendo otro sector de operaciones diferente al ordenado para nosotros.

XXXIII • PUESTO DE REVISTAS

En cierta ocasión, al encontrarme disfrutando de mi franquicia en el poblado próximo a mi regimiento, entré en un puesto de libros y revistas, mismo que era atendido por una jovencita muy hermosa. Adquiría ahí libros para leer en los ratos de "*relax*", así como revistas, para pasar el rato.

Aquí el punto a comentar es que acudía yo completamente uniformado, y repito que realmente el uniforme nos daba un "levantón" a todos los que no éramos muy agraciados físicamente (aquí hago una pausa para contarles que desde niño tuve un complejo muy grande con mis dientes, pues los dos frontales eran más largos que los demás. Y, por supuesto, si mordía una manzana, se marcaban bien los surcos de los dos dientes sobresalientes. Fue todo un trauma y durante la primaria y secundaria si reía, me tapaba de alguna manera la boca. Pero con mi primera quincena ya como soldado veterano, inmediatamente me metí al primer consultorio dental y salí con dientes nuevos en el mismo plano de los demás, desde entonces comencé a hacer uso de un puente dental.)

Pues bien, continuando con mi relato, la primera vez que acudí ahí, al puesto de revistas, mientras elegía lo que compraría, la chica en una pequeña grabadora puso un casete y comenzó a escuchar una canción de una gran artista de aquellos tiempos, misma que se refería a los ojos tristes de alguien. Y, en varias ocasiones, pude sorprenderla viéndome fijamente. Al mirarla, me sonreía levemente.

Pues bien, aquí y ahora yo también lucía una sonrisa normal y bien con esa bella damita, sin el complejo de mis dientes de conejo que me acompañó en mi niñez y pubertad. Eso hacía que bastante complacido, le correspondiera, como ya lo dije, la sonrisa. Desafortunadamente, el hecho de que ya no tuviera mis dientes de conejo no me quitó la timidez e inseguridad que tenía, la cual me hizo mucha sombra.

Lo que se me hizo curioso y sobresaliente fue que en las siguientes ocasiones que fui, sí se estaba escuchando algún otro tipo de música, de inmediato era cambiada y comenzaba a escucharse aquella del muchacho de los ojos tristes. Cuando ya estaba decidido a cortejar a la chica hermosa, "zas", una nueva operación fuera de plaza dos meses y, al regresar, acudí al puesto a comprar y ver a la niña.

Qué desagradable sorpresa, el puesto de revistas ya no existía. Por ello, concuerdo con quienes dicen que "no dejes para mañana lo que puedas hacer hoy"; si amas a alguien, hazlo de su conocimiento ahora, díselo ya, mañana, tal vez sea demasiado tarde.

Por más que anduve rondando por esa calle en diversas ocasiones para ver si la chica "salía por el pan" y poder verla, jamás la volví a encontrar. Varias veces estuve incluso de servicio de destacamento ahí en esa ciudad y nunca se me dio el volver a encontrarla, aunque fuera en otro lugar que no fuera su calle o su colonia.

XXXIV • RUTA 100

Un día de tantos, después de la Instrucción de Orden Cerrado, me sorprendió que no se nos repartiera para las respectivas "fajinas", sino que se nos ordenó el "descanso a discreción". Ahí permanecimos, hasta que como a la media hora, bajo el cuadro de jefes y oficiales, de pronto se ordenó a los conductores reunirse. Se les dieron algunas indicaciones y salieron corriendo hacia el Parque de Vehículos.

Un rato después, comenzaron a llegar los conductores con sus respectivos vehículos, colocándolos en columna por uno, sobre la calzada que rodeaba al patio principal del cuartel. Una vez que todos los conductores estuvieron ahí con su respectivo vehículo, el coronel ordenó que se nos organizara a cabos y soldados a razón de uno con cada conductor. Me formé donde se me ordenó; era con un cabo conductor de apellido Canun.

Una vez que ya se nos organizó, el coronel mandó que al personal que sobró, se les mandara a las fajinas. Y al personal que se nos había organizado, se nos ordenó reunirnos.

—Señores, tenemos una nueva misión, se trata de trasladarnos a la Ciudad de México, todas las unidades, a nivel nacional, mandarán sus vehículos también, así tengan uno solo, será enviado. Resulta que la famosa Ruta 100, que mueve a toda la gente en la Ciudad de México, se puso en huelga y vamos a ir a aplicar el Plan DN.III, nos darán a cada quien una ruta, nos harán dar el recorrido de reconocimiento y procederemos a mover a México. Los soldados que van acompañando al conductor, tienen la misión de no dejarlo que se duerma para evitar accidentes.

Una vez que se nos puso en antecedentes, se nos ordenó que fuésemos a preparar el equipo para pasar cuando menos un mes en la capital. Procedimos de acuerdo a lo ordenado y subimos nuestro equipo al vehículo correspondiente. Tras pasar a rancho, la orden fue montar en los vehículos, por medio de la trompeta de órdenes se tocó: "encender motores" y "al paso".

Los vehículos comenzaron a avanzar. Tras encomendarme a nuestro Padre Eterno y persignarme, comencé a charlar con el conductor, ¿acaso no era esa mi misión? Tras viajar toda la tarde y después de varios incidentes, entre ellos un accidente de un compañero nuestro al caer con su vehículo y acompañante sobre la vía del ferrocarril en el puente de San Juan del Río, Querétaro, llegamos a la Ciudad de México.

Se nos envió a "fulear" el vehículo de gasolina (aún teníamos los V.A.M., Vehículo de Aplicación Múltiple, y eran de gasolina). Ahí se nos amaneció y, posteriormente, nos llevaron al reconocimiento de la ruta que nos tocaría y se nos asignó a dos soldados más de Infantería que irían en la parte de atrás del vehículo para ayudar a las personas a subir y bajar del vehículo. Se nos dio un cartel que pegamos en el parabrisas del vehículo donde se leía:

CUPILCO-XOCHIMILCO-TOPILEJO

Posteriormente, se nos concentró en la F.A.V.E. SEDENA (Fábrica de Vestuario y Equipo de la secretaria de la Defensa Nacional). A partir del día siguiente, saldríamos a comenzar a mover gente a partir de las cinco de la mañana y a las diez y media. Pararíamos y nos concentraríamos en la F.A.V.E., donde tomaríamos nuestros alimentos y a las cuatro de la tarde continuaríamos moviendo gente hasta las diez de la noche.

Así que, con toda la disposición del mundo, comenzamos a trabajar al día siguiente conforme a lo ordenado. Terminábamos a las diez horas y de ahí volábamos a cargar combustible; cuando bien nos iba, terminábamos en nuestras camas del Campo Militar No. 1, a las doce. Y a las cuatro horas para arriba a servir al público.

En ocasiones, cuando mi cabo Canun andaba al 100 %, me autorizaba a pasarme atrás con nuestros compañeros de Infantería y me intercambiaba con alguno de ellos para dedicarme a subir y bajar a las personas. Es realmente muy satisfactorio trabajar directo con el personal civil, pues realmente cuando te dan las gracias, se siente muy bien y, sobre todo, las personas mayores hasta bendiciones te dejan.

No faltaba quienes hasta nos ofrecían alguna fruta, pan, etc., aunque teníamos prohibido el recibir dádivas por parte de la gente. En ocasiones se bajaban y ahí sobre la plataforma del carro, nos dejaban jugos, panes, fruta, etc.

Recuerdo que era un domingo cuando a las once llegamos como de costumbre a la F.A.V.E, a dormir un rato, cuando se nos comentó que ese día el menú en el comedor era caldo de pescado, a lo que pensé, sumamente complacido: "no me lo pierdo". A la hora respectiva, ya me encontraba ahí formado para el "bofe", la fila avanzaba lentamente, pero cuando por fin me tocó, no lo podía creer, dentro de mi plato de campaña en un caldo totalmente anaranjado oscuro yacía un pescado tipo mojarra y, al tocarlo con la cuchara, me di cuenta de que estaba completo con tripas, aletas, cola, etc., y completamente rígido, duro. ¡Era solo un fósil de pescado!

Era realmente algo indigerible, por lo que me quedé con las ganas de caldo de pescado ,pues, así como me fue servido mi caldito, así me dirigí hacia el bote de los desperdicios y lo arrojé dirigiéndome a la cafetería a comprar algo para comer. La verdad, no recuerdo cuánto fue el tiempo que duramos ahí desempeñando esa comisión, si les dijera, les miento.

El caso es que para mi apenas naciente profesión de militar fue realmente una experiencia maravillosa, por ser una misión tan noble, en un momento tan importante para la gente civil que se encontraba necesitando transporte. Realmente, fue una gran oportunidad para que la SEDENA demostrara a la gente que podían creer y confiar en nosotros, y que estaríamos con ellos en todas sus necesidades, incondicionalmente y sin importar las condiciones de tiempo y espacio.

Estoy plenamente convencido de que las personas, mientras estuvimos ahí trabajando y apoyándolos, nunca echaron de menos a la RUTA 100 y tal vez hasta hubo quienes preferirían que fuésemos nosotros los que hubiéramos quedado ahí, para siempre. Tal vez, a estas alturas de los tiempos, pues aunque ya pasaron muchos años, alguien por ahí, todavía nos recuerde. ¿De qué manera?, espero que de la mejor de las maneras posibles.

Para mí, por ejemplo, fue algo de lo mejor que pudo pasarme, justo cuando estaba en plena efervescencia de aprendizaje, pues era prácticamente un recluta recién graduado y todo lo absorbía como esponja. Y la verdad, ya cuando te acostumbras a una situación como esa y que incluso haces amistades, ya cuando todo termina, llega el momento de la despedida, misma que con algunas personas se dará, pero con otras no.

Y te vas, sí, pero te llevas un nudo en la garganta, pues esa es sin lugar a dudas una despedida para siempre, sí, para el resto de lo que te quede de vida. Así es, querido lector, todo esto va relacionado al sentido de si eres o no aprehensivo con las cosas o las personas, será sentimiento de cada quien. Lo cierto es que bendigo esa gran experiencia de convivir, tratar, ayudar e interactuar con tan bonita gente de los alrededores de Xochimilco, Cupilco y Topilejo. Nunca los olvidaré.

XXXV • "EL BANANAS"

Realmente me darán la razón que siempre en todo círculo social, llámese escuela, trabajo, equipo deportivo, etc., se cuenta con el malo, el santo y el tonto. O simplemente algún personaje muy característico. Algunas personas que por su forma de ser, su intelecto, sus costumbres, buenas o malas, hacen los momentos sobresalientes y dignos de que se recuerden y sean contados.

Pues bien, acá en nuestra sección, no fue la excepción. Ahí conocí a un soldado que realmente, en virtud de que yo era muy "inocente" (allá en mi tierra se le llama de otra forma, que por respeto no lo escribo, pero ustedes lo saben), y sin malicia alguna; supo enredarme, pues tenía mucha habilidad de palabra.

Según él, me llevaría a conocer todos los lugares, dignos de conocer para salir a "cotorrear" en próximas ocasiones; de los pueblos cercanos al cuartel, tales como cines, centros de baile, restaurantes, cantinas, etc. La verdad me interesó y le creí, (¡y ahí va San Pen...jo!). Otro compañero y yo nos hicimos acompañar por él. El mencionado personaje era un soldado veterano, al cual llamaremos por su alias: el "bananas".

Era domingo, lo recuerdo y a las mil aproximadamente; nos dieron franquicia y acompañados por el "Bananas" salimos; al abordar el autobús, manifestó dicho personaje no traer cambio (feria, dinero suelto), por lo que mi compañero se ofreció a pagar los boletos de los tres. Fuimos al cine y, nuevamente, nos dijo que alguno de nosotros pagara y que luego él se pondría parejo; aquí me toco a mí pagar la cuenta. Y ni qué decir que las palomitas y sodas, estas le tocaron a mi otro compañero para beneplácito del "bananas".

Después de que terminó la función de cine, ya había anochecido y nos dirigimos a cenar los típicos "tacos al pastor" (de carne adobada). Previo a esto, en un descuido del "bananas", ya habíamos hablado al respecto mi otro compañero y yo, pues quedaba de manifiesto que nos encontrábamos acompañados de un completo vividor.

Por lo que cenamos amenamente y a la hora de llegar a la caja, dejamos al "Bananas" justo frente a la cajera, quien procedió a entregarle la cuenta. Aquí cabe resaltar la sangre tan fría o la desvergüenza de este personaje, pues le colocaron la nota frente a él y procedió a meter su mano al bolsillo del pantalón y lo increíble fue que... ¡nunca la sacó con el dinero!

Pasaron los minutos más vergonzosos de mi vida cuando la señorita cajera, al ver que no se movía ni sacaba el dinero para pagar, volvía su vista hacia uno y otro de nosotros con mirada interrogativa. Se podía sentir lo cortante del viento y en lo que a mí respecta, comencé a sudar frío, de vergüenza; y de pronto y en un mismo movimiento, mi otro compañero y yo sacamos la cartera para pagar. Así lo hicimos y ardiendo de rabia salimos a tomar el autobús de regreso al cuartel.

El colmo del cinismo fue que, al subir, el "Bananas" me pidió si de nuevo le pagaba su boleto, pues "no había tenido oportunidad de feriar su billete". Aunque él vio que me dieron feria en la taquería, le dije en definitiva que no traía y mi compañero hizo lo mismo, por lo que procedió a extraer de su bolsillo unos billetes de bajas denominaciones, así como monedas y pagó su boleto, lo que sirvió para que nos diéramos cuenta de que todo el tiempo trajo feria y solo nos utilizó.

Tres días después de aquella franquicia, nos tocó montar de servicio de Imaginaria de Guardia y, al siguiente, estaríamos de Guardia en Prevención. Pues bien, el comandante de la Guardia nos hizo reunir y nos propuso hacer una "vaquita" (coperacha) para encargar carnitas de cerdo del pueblo más cercano. A lo que la mayoría accedimos, para cambiarle al menú del comedor.

Cuando tocó que se le preguntara al "Bananas", un categórico "no" fue lo que salió de su boca, argumentando que él pasaría al Comedor, pues no le gustaban esa clase de colectas.

Tal vez pasarían aproximadamente lo que serían cuarenta minutos más o menos, cuando el elemento enviado por las carnitas regresó, llevando lo que sería tal vez unos seis kilos de las carnitas con sus tortillas, salsas, chiles en vinagre y la soda de cola que en aquel entonces "rifaba".

Comenzamos a comer y el "Bananas" se paseaba de ida y vuelta, una y otra vez. Al ver que nadie le invitaba, se atrevió a hacer el comentario siguiente:

—Sí, pues nada más ustedes comen.

Nuestro oficial, quien era un hombre muy decente y educado le dijo:

—Ven, "Bananas", sírvete un taco.

Por su parte, el "Bananas" respondió algo que jamás olvidaré y que hasta yo lo he utilizado cuando amerita:

—No, pues si un favor no les hago, un desaire menos —y tomando dos tortillas en cada mano, tomó del plato de las carnitas lo que más cupo en cada una de ellas.

Todos sorprendidos por esa acción, nos quedamos "de a seis", pues solo quedaron unos poquitos cueritos, mientras nos veíamos unos y otros sin decir nada. El "Bananas" se alejó de ahí y fue a sentarse a una banca de madera a deleitarse con su medio kilo de carnitas.

Al siguiente día, el relevo sería después del rancho de medio día, por lo que nuevamente el comandante nos reunió y con la misma, hicimos la "coperacha" para las carnitas y nuevamente el "Bananas" se rehusó a participar. Aquí la diferencia fue que al estar comiendo todo el personal que cooperamos, él hizo su jugada igual que un día antes. Nuevamente, el comentario no se hizo esperar:

—Sí, pues nada más ustedes comen.

Y ni tardo ni perezoso le respondí:

—Sí, pues nada más nosotros cooperamos. ¿Cómo ves?

Todos rieron la respuesta y el "Bananas" solo se puso rojo de vergüenza y salió del local de la Guardia en Prevención. Desafortunadamente, para él, esa era la mala fama de la que se había hecho acreedor por ser tan "codo", poco suelto o participativo a la hora de hacer las famosas "**vaquitas, colectas o coperachas**". En este caso, fue para comprar carnitas y comer diferente a lo que comíamos diariamente en el comedor del regimiento.

Nadie nos hubiéramos imaginado en ese entonces, que tiempo después al realizar un curso de Patrullas de Operaciones Especiales en Selva, (C.P.O.E.S.), ya encontrándose mi regimiento en el sureste de la República Mexicana, en su nueva plaza o sede; el famoso "Bananas", durante una carrera con todo su armamento y equipo individual, se desvaneció y minutos después fallecería sin que se pudiera hacer nada por él.

Así es, querido lector, dicho personaje por el efecto de las altas temperaturas en el campamento Lacantun, Chiapas, y tras haber sido sometido, no solo él sino la totalidad del grupo en adiestramiento. Se dice que sufrió una insolación y tras desvanecerse, se le trasladó al campamento, donde el personal de sanidad lo canalizó y lo inyectó. Por las especulaciones de los que no sabemos ni conocemos del tema, se dice que tras la canalización con el suero frío y él a reventar por la insolación, simplemente su "máquina" no aguantó y reventó.

Así fue el final de un compañero más que dejó historia de una forma u otra. Y solo nos queda desear que el Padre lo haya recibido y lo tenga en su reino (R.I.P. "el Bananas", del cual escuché por primera vez el dicho o frase que rezaba: **SI UN FAVOR NO TE HAGO, UN DESAIRE MENOS**).

XXXVI • MI CUACO Y YO (EL ARANDINO)

Cierto día, después de la lista y a la hora de la Instrucción de Orden Cerrado, para mi sorpresa, me designaron para la instrucción ¡montado a Caballo! Como supondrán, comencé a pasar aceite, sí, a parir cuates, pues yo no conocía nada de albardones (monturas), bridas (riendas) militares, mucho menos órdenes con toques militares con trompeta.

Por suerte, los compañeros veteranos "apañaron el rollo" y me ayudaron a ponerle la montura al caballo a la vez que me lo presentaban; era un hermoso ejemplar de caballo alazán, al cual llamaremos "EL ARANDINO". Otro aspecto que me "acalambró" fue sin duda alguna su alzada, era altísimo para mi estatura, pero bueno, ya estábamos ahí.

Es muy cierto que los caballos por lo regular ventean el miedo o nerviosismo de los jinetes o personas que los rodean y eso lo comprobé, pues al conducirlo de mano (tirándolo de las bridas), de vez en cuando, él con el hocico me empujaba, y hasta me pareció sentir cómo me tiraba una mordida a la oreja, pues clarito escuché cómo chocaron sus dientes.

Para esos momentos, era ya un manojo de nervios, pues prácticamente veía a mi futuro caballo, como si de un perro gigante se tratara. Llegamos al campo de instrucción y comenzaron los toques de al pie de sus caballos. Montar y desmontar se convirtió en toda una hazaña, debido, repito, a la altura o bien, alzada del caballo.

Con más tranquilidad, escuché el toque de "al paso", pero como supondrán, en mi rancho había montado algunas veces, sí, pero estilo charro, con los estribos a todo lo largo de las piernas, ¡pero aquí los estribos iban a la mitad, entre la columna vertebral del caballo y sus costados, sin colgar a todo lo largo de las piernas, como en las monturas charras! Mis rodillas quedaban dobladas.

Todo iba bien, (dentro de lo que cabe), pero ¡Oh, Dios mío!, se escuchó el toque de "al trote", señores. Yo prácticamente parecía un balón de básquetbol arriba del caballo. Botaba arriba de él y me iba de un lado a otro, un sudor frío recorría todo mi rostro, mi cuerpo, y mi uniforme estaba completamente pegado a mi debido al sudor.

Mi arma en la espalda, con la culata plegada, me clavaba la palanca de maniobras en la misma y, de vez en vez, mi casco antibalas se me iba hacia el frente, cubriéndome totalmente los ojos. En verdad no sabía si reír o llorar en ese momento. De pronto sucedió.

En un solo movimiento, el caballo se detuvo de pronto, agachándose a morder unas hojas de pasto fresco; y allá voy por el pescuezo del mismo, hasta quedar depositado, sentado en tremendo charco con lodo, con las bridas en la mano. Todo un concierto de carcajadas no se hizo esperar; por Dios hermoso que quise salir de ahí llorando de vergüenza.

Como impulsado por un resorte me levanté. Ni siquiera hice por limpiarme el lodo que, adherido a mi uniforme, lucía a la altura de mis posaderas. Caí nuevamente en el lomo de mi montura, entre comentarios jocosos de mis compañeros y estridentes carcajadas. Mi expresión, demasiado seria, decía lo mal que la estaba pasando.

Algunos compañeros lo entendieron y arengaban a los demás a dejar de "curársela" conmigo. Quise morirme de la vergüenza y de coraje conmigo mismo cuando, tras avanzar unos cinco minutos, por segunda vez, mi caballo, sí, mi Arandino, me volvió a repetir la dosis. Depositándome en el piso, cayendo nuevamente entre el lodo, exactamente de la misma manera que la primera vez.

Volví a su lomo de inmediato mientras escuchaba el concierto de risas, cuando de pronto venía lo peor; se escuchó el toque de "al galope". Solo atiné a pensar: "Dios mío, protégeme". Sin embargo, para mi sorpresa, ese aire del caballo me resulto más cómodo, corría muy "parejito", y yo no me sentía incómodo, por el contrario. De pronto, mi caballo, comenzó a correr más y más de prisa, rebasando por mucho a mis compañeros de fila, y aunque yo quería frenarlo, no obedecía, se había prácticamente desbocado.

Tras rebasar a todo el escuadrón, el capitán comandante, quien iba a la cabeza del mismo, espoleando a su caballo, comenzó la persecución, haciéndome las indicaciones pertinentes para detener al animal. Primero, dijo que jalara con fuerza las bridas con las dos manos, hasta casi quedar prácticamente acostado en el caballo, y no funcionó.

Después que con mis dos manos le jalara de un solo lado, a lo cual el caballo solo dobló su cabeza, pero siguió corriendo. A continuación, jalarle del otro lado con las dos manos, dobló el pescuezo hacia el otro lado y nada. El capitán gritó:

—Alterna esos movimientos varias veces, pero sin miedo, soldado, que el caballo sienta que trae jinete, que sienta y vea quién manda. No le tengas miedo, pues él lo huele y por eso hace contigo lo que quiere.

Y ahí estaba yo, a todo galope al lomo del caballo que peligrosamente se dirigía hacia las trancas del "Picadero" dentro del cual nos encontrábamos (donde se practicaban los ejercicios de equitación). El ver que se acercaba más y más a las trancas me hizo pensar que si le permitía llegar y no lo detenía antes, una de dos: o se estrellaba él contra las trancas y, por consiguiente, yo con él, o en su defecto, saltaría, y si esto sucedía, también sería yo quien sufriría las peores consecuencias, pues al no saber montar al tiempo del salto, yo sería arrojado sobre las trancas.

Así que ahora mi temor, poco a poco y casi sin darme cuenta, se convirtió en coraje, pues fugazmente recordé el ridículo por el que me hizo pasar el caballo al derribarme en dos ocasiones y escuchaba nuevamente el eco de las risas burlonas de mis compañeros. Acto seguido, y les juro que realmente no sé cómo lo hice (pues esta no fue indicación venida del capitán), castigué al caballo con la fusta y tensé mis rodillas a los costados del caballo para adquirir sujeción y firmeza por si llegaba a saltar las trancas.

Ahí de pronto decidí que haría hasta lo imposible por adherirme a su lomo y que, en caso de saltar, me iría con él y me juraba que nunca me derribaría. Mientras, con rabia, realizaba las maniobras con las bridas, como queriendo quebrarle el pescuezo al caballo.

De pronto, cuando faltaban aproximadamente diez metros para llegar a las trancas, tras jalarle con todas mis fuerzas las bridas con las dos manos; el caballo paró su alocada carrera y comenzó un espectacular caracoleo, yo afianzado con mis rodillas, no cesaba de castigarlo con la fusta; mientras se escuchaban los gritos bravíos, silbidos y porras de todo el personal del escuadrón, y el capitán no dejaba de arengarme:

—Vamos, vamos, eso, que sienta que tiene jinete, que se doblegue el cab...n.

De pronto, así como comenzó todo, el caballo completamente bañado en sudor se venció. Agachando la cabeza, escurriendo espuma por el hocico y la nariz, con sus cuatro patas temblando, como aceptando que había sido derrotado. Por mi parte, no daba crédito a lo que había hecho. Sin embargo, ahora, al escuchar las felicitaciones de mis superiores y compañeros del mismo grado, comprendía que, después de todas las burlas de las que fui objeto, al final, me había ganado el respeto y hasta admiración de muchos de ellos.

Al final de la jornada, terminé muy cansado y con mis piernas temblorosas, pues nunca antes había montado de esa manera. Lo siguiente fue quitarle el albardón al caballo y llevarlo de mano, a aplicarle su aseo (bañarlo), y ahí fue donde se portó muy tranquilo para darme confianza.

Y como si el caballo supiera, precisamente cuando más confiado estaba, mientras le echaba agua en el pescuezo, como si se desquitara de todo, sin que me percatara de lo que hacía, levantó una de sus patas delanteras y la dejo caer sobre la punta de mi pie izquierdo. No grite ni hice "panchos" por vergüenza, como todos los compañeros que hacían lo propio con sus caballos (bastante se habían reído ya a mis costillas).

Pero les juro que el dolor fue tan intenso que dos lágrimas surcaron mi rostro y, de inmediato, solté una tremenda "patada" a la pata delantera del caballo que me había propinado el pisotón. Después de ahí, todo quedo establecido, ya nos habíamos "hecho las presentaciones", ya sabíamos quién era quién. Ya éramos conocidos.

Después de esa desastrosa presentación entre nosotros, fuimos el binomio "hombre-cuaco" más envidiable. Ahora, yo podía sacar al Arandino de su cuadra o caballeriza, y él dócilmente me seguía; incluso, en ocasiones, al estar tras de mí, mientras le servía su dotación de grano en su comedero, colocaba su cabeza haciéndola descansar sobre mi hombro.

XXXVII • ¡VAMOS AL DESFILE!

Por ese tiempo, cuando ya estábamos plenamente identificados el arandino y el suscrito, se vino la orden de que participaríamos en el Desfile Militar del 16 de septiembre, ni más ni menos que en la Ciudad de Guadalajara, Jalisco. Participarían los dos escuadrones, que éramos la base de la Operatividad del regimiento, con la salvedad de que un escuadrón iría montado y el otro, totalmente motorizado.

De ahí en adelante las prácticas, apoyadas con los conscriptos del S.M.N., no se hicieron esperar. Realizábamos el simulacro del desfile entre la muchedumbre, materializada por el personal del Servicio Militar de Conscriptos. Su papel era hacer "buya" para que los caballos se fueran acostumbrando a las muchedumbres y al ruido.

Las primeras veces, algunos caballos se mostraron rejegos y rompían la formación, pero a medida que pasaban los días todo iba quedando mejor. La orden era que tres días antes del desfile deberíamos estar ya en Guadalajara. Aquí lo que fue una gran decepción que realmente me dolió mucho, a la vez que me lleno de rabia.

Un día previo a la concentración en Guadalajara, estaba por la tarde, al igual que todo el escuadrón, boleando (lustrando) mi albardón (montura) y correaje respectivo. Estaba realmente ensimismado en mi tarea, cuando de pronto escuché mi nombre; al volverme, vi parado ante mí a mi comandante de escuadrón, con su barba cerrada y vestido de civil que me dijo:

—Vas a tener hasta diez para integrarte allá a tu escuadrón orgánico.

A lo que respondí:

—Mi capitán, pero estoy boleando mi albardón para el desfile.

Inmediatamente, el capitán Juárez, comandante del Escuadrón Montado que era el segundo., se acercó y le dijo a mi capitán Placencia que yo estaba designado para desfilar montado, a lo cual mi capitán de Escuadrón dijo que no, pues yo era indispensable para su escuadrón, pues era tirador de ametralladora.

Discutieron un poco más, ante mi cara de what. Al final, el comandante del segundo, me dijo:

—Ni modo compadre, lánzate, vere a quien pongo en tu lugar y a ver qué papel hace, pues no ha practicado nada. Entrégale todo al sargento y vete a tu escuadrón.

Salí corriendo de ahí, aparentando una felicidad que no tenía, lo hice para que nadie notara las lágrimas que aun sin querer salían de mis ojos, significaba dejar a mi Arandino, mi amigo fiel. Efectivamente, me toco desfilar como tirador de un arma que ahí vine a conocer, ni en cuenta que fuera yo tirador, ahí me hicieron tirador "al vapor".

Con todo y la decepción, me logré sobreponer a la nostalgia de ver uno de mis anhelos destruido, pues el no haber desfilado montado, todavía hasta la fecha, me pesa y el "si yo hubiera", me duele. Aunque reconozco que no fue enteramente mi culpa. Pero ¿qué podía hacer yo, un soldado novato, para remediar algo que hizo hasta discutir a los dos capitanes?

Por fortuna, el desfile fue todo un éxito, y yo de pie, con la ametralladora fija al pedestal del C.L.E., realicé mi vista a la derecha frente al presídium de las autoridades, pero sin dejar de pensar en que pudo ser una vista a la derecha, montado en mi Arandino y con mi machete sable empuñado.

Toda una fijación mental en mí. Ni siquiera las porras, los vivas, la gran cantidad de flashes de las cámaras que salían del público asistente, al tomar las fotos, lograba despertarme de mis cavilaciones. Era mi primer desfile y, la verdad, no lo disfruté como yo hubiera querido, más bien lo estaba sufriendo pensando si comería y tomaría agua mi caballo por la mañana.

Al concluir la ruta del desfile y terminar este, mucha gente se acercaba a nosotros para pedirnos tomarnos la foto con ellos y, pues claro, en ocasiones accedíamos, pues en otras, algún comandante que nos veía nos llamaba la atención.

Ahí estaba yo con mi uniforme de percha, ciertamente de

montar, con mi casco antibalas recién pintado para la ocasión, mis guantes blancos, mis botas tres hebillas completamente lustradas. Una foto tras otra, diferentes personas, sobre todo, muchachas. Pero nada me sabía, ni siquiera en el final, cuando todo había pasado, cuando nunca se pudo revertir la situación.

De esta manera, se escribió lo que fue una página más de lo que ahora nuevamente me llena de nostalgia al recordarlo. Sí, pues el Arandino fue otro amigo más que en su momento, se cruzó en el camino de mi vida, dándole sabor a esta y, por ello, hoy le brindo homenaje a su recuerdo. Me llenó de impotencia nuevamente, igual como en aquel día, y el momento en que regresamos de una Operación en el Estado de Sinaloa.

Y al regresar... ya no estaban nuestros nobles "pencos". Los habían vendido en lote completo, o los enviaron al criadero militar de Santa Gertrudis, en Chihuahua (nunca supe la versión verdadera) y ni siquiera pudimos despedirnos de ellos. Les juro que algunos como yo, nos sorprendimos merodeando las cuadras. Esas caballerizas que ocuparon nuestros nobles amigos.

Fue así, como esos fieros hombres que exponían sus vidas, sí, esos rudos combatientes que sabían quitar la vida a algún delincuente que quisiera cobrar la de ellos, estaban ahí llorando, cual indefensos niños, la partida de un gran y fiel compañero y amigo.

Sí, por mucho tiempo acudí ahí, para entre lágrimas prófugas de mis ojos, esos ojos que en su tiempo se deleitaban observándolo, gallardo, hermoso e imponente. Iba ahí, a su cuadra, a recordarlo a él, a mi noble amigo, aquel amigo que jamás volvería ver.

Y llegaría incluso el momento que aún espero: el de mi cita con el Padre Eterno. Y nunca, nunca jamás lo volví a ver, ni supe donde quedo mi compañero, mi fiel amigo, mi caballo... EL ARANDINO.

XXXVIII • PELIGRO FRENTE A MI PECHO

Tiempo después, al regresar del desfile de la Plaza de Guadalajara, se me dio la distinción de Soldado de Primera, y se me encuadró ahora si orgánicamente, al Pelotón de Ametralladoras HK-21, de la Sección de Armas de Apoyo de mi Primer Escuadrón de Reconocimiento. Ya nada que ver con el Escuadrón montado, y habían designado a alguien más para montar al Arandino.

Aquí ya tenía mi armamento individual de cargo, una C.A.L. (Carabina Automática Ligera), y también de cargo, mi arma colectiva la Ametralladora HK-21A1. Para formar a las listas, salía con mi carabina a la granadera (posición de la carabina con la culata plegada, y ayudado por el portacarabina, se introduce el brazo y hombro derecho, así como la cabeza y el arma queda colocada en la espalda, apuntando hacia abajo), para poder cargar embrazada o ayudado por el asa de transporte, la ametralladora ya mencionada.

Todo fue de ahí en adelante conocer las características, nomenclatura y datos numéricos, así como el arme y desarme, inclusive con los ojos vendados, de mi ametralladora durante las academias en los módulos designados para tal efecto. También se practicaban las diversas evoluciones en el orden cerrado (movimientos para desfilar o marchar, como mejor lo entiendan).

Dichas evoluciones se practicaban, ya fuera a pie o montado en vehículo, un C.L.E., mismo que me correspondía junto con mi escuadra de la cual formaba parte. Esta escuadra era integrada por: el cabo de Caballería comandante de la Escuadra, un soldado de Primera de Caballería, fusilero, Granadero y Conductor del Vehículo, un soldado de Primera de Caballería Tirador, que era yo, y dos soldados de Caballería Proveedores. Nos correspondía repito, un C.L.E., (Carro Ligero de Exploración, mejor conocido como Jeep, dotado de un pedestal para emplazar la ametralladora).

Después de conocer todo lo relativo de la ametralladora, seguían las prácticas de tiro, mismas que se desarrollaban en el campo designado para tal efecto y era la ametralladora emplazada en tierra, practicando el fuego y movimiento, así como en movimiento utilizando el vehículo y a diversas distancias y velocidades del mismo.

Es aquí donde sucedió a lo que se refiere el título de este capítulo. Cabe señalar que durante las prácticas era indispensable que todo el personal de la escuadra supiera el funcionamiento, así como el disparar y saber hacerlo correctamente, batiendo el mayor número de blancos con la ametralladora. Para lo cual, en turnos, comenzando por el tirador, pasábamos a evacuar los cuadros de tiro respectivos para cada integrante de la escuadra.

El campo de tiro era en un cerro a espaldas del cuartel, el cerro de nombre "El Gomeño". En las estribaciones de este, o mejor dicho en la falda del mismo, se había adaptado para campo de tiro de las diversas armas con que contaba el regimiento. Comenzaba en la planicie y se continuaba cerro arriba con líneas marcadas con piedras pintadas de blanco y una banderilla metálica donde se leía la distancia en metros en forma descendente en número, pero como ya lo mencionamos, en la orografía física era cuesta arriba. Concluía en la línea de diez metros, y en la parte más alta estaba el parabalas, un montículo de tierra y piedras colocado por medio de un trascabo o motoconformadora.

Una vez que terminabas tus cuadros de tiro en la línea de tiradores, te dirigías al área de Limpieza de Armamento, ahí me encontraba por haber tirado primero. Cuando el último de mis dos proveedores llegó a la mencionada área, llevaba el arma tomada por el asa de transporte con el cañón de la misma humeante de tan caliente que había quedado al ser disparada tantas veces. El proveedor llegó corriendo y se colocó aproximadamente a cuatro metros de mí y en un plano más arriba, pues yo me encontraba de frente a la línea de tiro, donde aún se efectuaban las prácticas.

Pues bien, el soldado llegó y colocó el arma, apuntando hacia mí, sin ninguna mala intención y, de inmediato, se tendió tras el arma, argumentando que no sabía por qué no había podido apuntar bien, diciendo:

—Mire mi cabo Benjamín, aquí tengo en la mira tu último botón de arriba de tu guerrera.

Dicho esto, procedió a meter su dedo en el disparador, a lo cual, con la velocidad del rayo, me incorporé y me hice hacia un lado, quitándole la ametralladora al soldado, para verificar, primero, que no tenía el seguro puesto; en segundo lugar, al cerrar la recámara y jalar la palanca de maniobras para volverla a abrir, el arma expulsó un cartucho, el cual al verificarlo, estaba ¡útil!, ni más ni menos, no estaba percutido.

En otras circunstancias, si el soldado hubiera maniobrado el armamento, simplemente no estaría el suscrito contándoles esto, pues un disparo de 7.62 mm en el pecho; es mortal por necesidad.

Aquí cabe destacar el descuido del oficial director de tiro, de los oficiales o clases de apoyo, así como del personal de materiales de guerra Y el descuido, negligencia o impericia del soldado proveedor, quien se encontraba tirando al final, así como de todos, por no realizar la supervisión del arma y verificar por medio de las medidas de seguridad que la misma no tuviera un cartucho en la recámara, o incluso, alguna ojiva atorada en el cañón para así evitar accidentes.

XXXIX • ¡DESEO IR A LA MARTE!

En aquel entonces, cuando causé alta en el glorioso Ejército mexicano, se rumoraba mucho acerca de una gran operación a gran escala con duración de hasta seis meses, que se llamó: "Operación Condor", y algunos tenían inclusive chamarras verdes con logotipo de la mencionada Fuerza de Tareas, mismas que se les habían ministrado durante la participación de la mencionada Fuerza de Tarea.

Pero de un tiempo para acá, decían que la que estaba "de moda" era una Fuerza de Tarea similar, pero esta era de menor duración, solo cuatro meses y llevaba por nombre "Marte ", que se desarrollaba en la sierra de los estados de Sinaloa, Chihuahua y Durango; sí, en el mismísimo Triángulo Dorado.

Se trataba de la erradicación de marihuana y amapola; así como la aplicación de la Ley Federal de Armas de Fuego y Explosivos, ocupación de áreas o puntos estratégicos, para evitar delitos de menor impacto. Mi regimiento había sido elegido para participar en dicha Fuerza de Tarea.

La elección de las unidades que participarían en la mencionada operación, la designaba la S. D. N., y la cantidad de unidades de caballería, infantería, ingenieros de combate, fusileros paracaidistas, arma blindada, artillería y servicios técnicos participantes, era suficiente para que se cubrieran los sectores de los tres estados ya mencionados que eran los que tenían mayor incidencia en la siembra, cultivo, cosecha y tráfico de los estupefacientes antes señalados.

Pues bien, yo estaba realmente emocionado con la participación en la mencionada operación, pero no contaba con que el personal que integrábamos la Sección de Armas de Apoyo, de cada escuadrón... ¡No participaba! Nos quedaríamos a proporcionar la seguridad a las instalaciones del regimiento, por el tiempo que duraría la Fuerza de Tarea.

El personal designado ya estaba completo y nosotros, los de las A. A., iríamos a relevar la guardia, para estar ahí por los siguientes cuatro meses, tiempo que duraría la operación. Completamente compungido, cierto día, me crucé a medio patio principal del regimiento, a mi capitán Plasencia, comandante de escuadrón; ni tardo ni perezoso le dije:

—Mi capitán, solicito incorporarme con el personal que irá a la "Marte", estoy listo.

El capitán me observó en silencio de pies a cabeza, para después, con una sonrisa franca en su rostro, responderme:

—Estas de suerte, mi soldado, pues justamente ahorita me dirigía con el sargento primero para que nombrara a alguien y supliera a un soldado que, con esta fecha, consumó el "Delito de deserción".

Dicho esto, prosiguió:

—Preséntate con él y dile que yo te mandé y que te cambié de número de orden, que te reciba el armamento que tienes de cargo y te entregue el del desertor de inmediato. Y luego vas y buscas a tu pelotón y te presentas con tu nuevo sargento para cubrir la vacante.

¡GRACIAS DIOS MÍO, POR FIJARTE EN MÍ Y ESCUCHAR MIS SÚPLICAS! Salí corriendo a dar cumplimiento y bendiciendo a Dios y a mi buena suerte. Integrarme a mi nuevo pelotón. Ponerme a las órdenes de mi nuevo comandante de escuadra, pelotón y sección, fue rápido y en menos de cuarenta minutos ya estaba integrado con mi nuevo personal, que nada tenía que ver con armas de apoyo ni con ametralladoras.

Los siguientes días fueron de preparación en todos los aspectos: armamento, equipo individual, vehículos, etc. Era realmente tedioso, la gran cantidad de revistas de equipo de cargo, los artículos de aseo personal, de armamento y calzado, así como el vestuario que llevaríamos, pues debería ser únicamente lo indispensable, pues se tendría que caminar mucho con la mochila en la espalda.

Prácticamente, tendíamos todo nuestro material por la mañana, y lo veníamos recogiendo hasta pasadas las cuatro de la tarde. Aproximadamente, tres días antes de la salida hacia la concentración de la famosa Fuerza de Tarea, fuimos acuartelados definitivamente para evitar que alguien se desertara (ya nadie salió a disfrutar de franquicia).

Saldríamos el próximo lunes y el domingo previo, habría una comida y baile de despedida, donde todo el personal podía invitar a su familia. En lo personal, fui acompañado por dos de mis hermanas, mi hermano menor y un gran entrañable amigo, que digo amigo, hermano, compañero de estudios desde la primaria, que lo conocí, y luego lo vi en secundaria; en todos los momentos difíciles y de alegría había estado conmigo, por eso estaba aquí acompañándome, pues era uno de los días más felices para mí.

Comimos lo que se nos invitó por parte del regimiento, más bocadillos que mis hermanas llevaron y aproveché para mostrarles parte del regimiento (previamente se nos había indicado las áreas permitidas, así como las prohibidas) y llevarlos a presentarles a mi gran y fiel amigo y compañero. Nos dirigimos a las caballerizas y ahí estaba mi fiel amigo: el Arandino.

En esta parte de mi narración, hago un paréntesis para hacer del conocimiento de ustedes que a pesar de que se me había retirado por orgánica del Arandino, pues eran los del segundo escuadrón los que montaban y yo pertenecía al primero que todo hacía motorizado y Maxime que era tirador y tenía de cargo la HK-21; casi a diario acudía a darle su vuelta al Arandino y lo acariciaba y platicaba con él.

Maxime ahora, me refiero a los días previos a la salida hacia Sinaloa, que tardaría meses sin verlo (nunca me imaginé que, al despedirme de él y acariciarlo, el lunes de madrugada antes de la salida, me marcaría para siempre y tal vez a él en su alma de animal también; pues... fue la última vez que nos vimos).

Por fin el día "D" llegó, y desde temprano nuestro equipo ya estaba sobre los vehículos, y tras pasar al comedor, lógico que fue al primer rancho a las seis de la mañana, se pasó lista y se ordenó abordar los vehículos. Gran emoción cuando el trompeta de órdenes tocó encender motores y, posteriormente, al paso, para lo cual comenzó el movimiento de cincuenta y cinco vehículos aproximadamente como sigue:

- Treinta V.A.M. (Vehículos de Aplicación Múltiple)
- Doce C.L.E. (Carros Ligeros de Exploración, mejor conocidos como Jeep's)

- Seis camionetas Estacas
- Una grúa
- Una ambulancia
- Una cisterna
- Dos Pickups oficiales
- Dos Pickups civiles

Mencionados vehículos transportaban en sus carrocerías, entre jefes, oficiales y tropa, aproximadamente a cuatrocientos elementos que teníamos una cita; primero en la concentración, en el punto de reunión en Culiacán y, posteriormente, a desplegarnos en la Sierra Madre de los ya mencionados estados.

Dichos vehículos, con sus respectivas banderolas rojas al frente, luces encendidas y algunas torretas, así como sus letreros de cabeza y cola de convoyes; se repartieron en tres escalones, mismos que saldrían a carretera con un intervalo de tiempo de cuarenta minutos aproximadamente y realizarían jornada de aproximadamente de diez a doce horas a la velocidad ordenada de no más de 60 kilómetros. Por hora, conservando una distancia aproximada entre vehículo y vehículo de entre cuarenta y sesenta metros.

Pernoctaríamos en Tepic, Nayarit y, al día siguiente alcanzaríamos la concentración que sería en la plaza de Culiacán, Sinaloa. Todo ocurrió sin contratiempos y pronto nos encontrábamos ya en el campamento designado para la concentración de todas las unidades que integrarían la "Fuerza de Tarea Marte".

XL • "SIETE GOTAS"

En verdad no es el título de algún libro o de alguna película de terror o de acción. Es el nombre del campamento militar a donde llegamos en la plaza de Culiacán, Sinaloa. Tenía las medidas de aproximadamente de mil metros por cada uno de sus cuatro lados, rodeado por dos filas de carpas (casas de campaña), de lona con capacidad para treinta y cinco personas aproximadamente.

Ahí estaríamos alrededor de quince días para un "adiestramiento de ambientación", donde estaríamos repasando, la ley Federal de Armas de Fuego y Explosivos, prácticas de incursión, emboscada, marchas y desplazamientos a pie y en vehículos, deberes militares, formas de consignar personal, código de justicia, prácticas de tiro, etc.

Fue como estar arrestado, muy tedioso a pesar de andar todo el día en movilidad y al paso veloz; lo que queríamos era ya estar desplegados, ¡éramos de 100 % terreneros de batalla! Y todo esto nos sabía a "banqueteros" (personal comisionado o enfermo, que estando en plaza en nuestro regimiento, nunca salía a operar en la sierra).

Lo único más sobresaliente, aunque en lo personal fue muy riesgoso para mí, fue el día que se nos llevó al batallón de Culiacán, a realizar el paso de la pista del combatiente. Les cuento. Fuimos trasladados en los vehículos orgánicos y tras la organización por escuadrones, en vista que éramos el primer escuadrón, por lógica, pasaríamos primero todos los obstáculos de la pista. Íbamos organizados por tercias y cuando me tocó, iba en el lado derecho. Salimos corriendo embrazando el Arma, C.A.L. (Carabina Automática Ligera) y pasamos los obstáculos como sigue:

1. El triple salto
2. Los pilotes

3. Barra de equilibrio
4. Salto de longitud
5. Rompe huesos
6. Alambrada
7. Marimba
8. Cable vertical
9. Salto de campana

Pues bien, aquí comenzó mi martirio, pues llegué corriendo a dicho obstáculo, y tras colocarme el arma a la granadera (en un capítulo anterior ya expliqué dicha posición del arma en la espalda), ejecuté el paso del obstáculo. Pero al efectuar el giro de mi cuerpo sobre el tronco, para caer al otro lado, el arma se desplazó y me golpeó exactamente en la nuca, por abajo del casco. Aunque me dolió, no dije ni hice nada y continué corriendo hacia el siguiente obstáculo:

1. Muro de piedra o vertical
2. Foso de salto
3. Cable horizontal

A estas alturas, por efecto de la corridita, pues la distancia de un obstáculo a otro era de entre cuarenta o cincuenta metros y todo el trayecto era al paso veloz, y también por el golpe que había recibido en la nuca, comencé a sudar frío. Aun así, seguí adelante:

4. Red marina

Una de las características que tenía o tal vez tiene hasta el día de hoy esa red marina, es que estaba muy alta, tal vez veinte o veinticinco metros. Comencé a subir y justamente al cruzar el travesaño de la parte más alta para comenzar a bajar, se me borró la visibilidad por completo, mi cuerpo temblaba y el sudor frío me recorría, transpiraba a raudales.

No dije nada y solo confiaba en mi buena suerte, comencé a bajar y solo imploraba a Dios Todo Poderoso y a mi madrecita de Guadalupe que mis dedos, mismos que doblé como si fuesen garfios, no se fueran a enderezar, para irlos enganchando en las cuerdas y que mis pies no perdieran por completo la fuerza para sostenerme.

Lentamente, comencé el descenso, mientras mis compañeros, los cuales ya se encontraban en tierra me instaban a que me diera prisa. A estas alturas de mi relato, ya he mencionado que una de las cosas que era mi muerte es servir de burla a alguien; mi orgullo era más grande que lo que estaba sintiendo y prefería caer desmayado y tal vez ocasionarme algo peor, que decir "ya no puedo" o "ayúdame".

Sí, lo sé y lo acepto; imprudencia, irresponsabilidad, exceso de confianza, etc. Todo un sinfín de calificativos adversos; pero así era y ahí estaba ya. Seguí bajando y mis compañeros extrañados por mi lentitud, tras observarme detenidamente, vieron lo completamente blanco de mi semblante y entre ellos lo comentaron.

Solo me faltaba la mitad para bajar al piso firme y ya estaba ahí el oficial de sanidad, el cual había sido llamado por mis compañeros, quienes continuaron corriendo hacia el siguiente obstáculo. El oficial me preguntó que si podía seguir o si quería que él fuera por mí, totalmente en mi papel le respondí que sí podía. Continué bajando, hasta que totalmente sin ver nada, al pisar el suelo, de inmediato giré a mi derecha en sentido contrario, donde se escuchaba la voz del oficial y comencé a vomitar.

Tras preguntarme qué me había sucedido, le informé acerca del golpe en la nuca y el oficial informo a mis oficiales y sargento que, por seguridad, ya no podría continuar con el paso del resto de los obstáculos y fui conducido a la sombra en el interior de la ambulancia. Minutos después, comencé a reponerme y a recobrar la visión hasta quedar completamente restablecido, dándoseme la indicación de que, con cualquier dolor por muy ligero que presentara en la nuca, informara de inmediato. Por suerte, nunca se manifestó.

Otra actividad que fue diferente ahí en la estancia en "Siete Gotas", fue también la academia y práctica del rapel, teniendo como instructores y monitores a los oficiales y clases de fusileros paracaidistas.

Al otro día y ya para poner fin al curso de ambientación, previo al despliegue del personal en la F.T Marte, fue que se nos llevó a realizar el cruce de cursos de agua en el Río Presidio, de ahí de Culiacán. Lo cruzamos con todo el equipo impermeabilizado y con ayuda de una cuerda, todo el personal evacuamos dicha evaluación con éxito y sin contratiempos.

Después de quince días de academias y prácticas de tiro para "calentar", fuimos desplegados a comenzar a trabajar en la aplicación de la finalidad de la operación. No fue muy difícil adaptarnos, pues era ni más ni menos, lo mismo que hacíamos en nuestro sector de responsabilidad en Jalisco, solo que con un 95 % más de incidencia y, por consiguiente, de resultados.

Aquí viene el punto que resalto para ustedes: a pesar de que ya había participado en varias bases de operaciones en Jalisco en nuestro propio sector, nunca me había tocado encontrar plantíos de marihuana, mucho menos de amapola. Ese era uno de los puntos atractivos para mí, de estar en esta gran operación. El conocer esos plantíos que en pláticas me habían descrito los soldados veteranos.

XLI • DESPLEGADOS

Una vez dadas las coordenadas a donde habríamos de trasladarnos, comenzó el movimiento para beneplácito de todo el personal. Llegar al lugar y comenzar a establecer el Campamento fue toda una cátedra completa. Tuvimos que orientarnos por medio de la rosa de los vientos, colocar los puestos de vigilancia, establecer los vivacs, la cocina diametralmente opuesta a ella a favor del viento, la letrina y el foso para la basura y desperdicio orgánico. También, el establecimiento del puesto o célula de socorro y el establecimiento del "Traca", o elemento de transmisiones, muy relativamente cerca de donde dormiría el comandante.

Repito, todo nuevo. Ustedes se preguntarán: ¿por qué nuevo si ya había salido de base de operaciones? Pues sí, claro que sí, pero en los Altos de Jalisco, donde previamente anduve operando, se llegaba con el delegado o "sheriff de chocolate" del lugar y se le pedía que nos apoyara con un lugar para establecer la base.

Y de "volada" nos conseguía alguna casa prestada, una escuela, o club de leones, algún casino (centro de baile), etc. Lógico que todos estos lugares que se nos prestaba contaban con W.C. y agua para aseo personal. Por lo que como decía el difunto "Bananas", "marraneábamos" (dormíamos) a nuestras anchas en el rato o tiempo que nos tocaba hacerlo; o sea, cuando no había patrullajes, recorridos o puestos de control.

Entonces queda claro que acá en pleno campo, no había esas "comodidades", era "terrenear en forma". Era aplicar lo aprendido desde el C.A.B.I. Era hacerlo y hacerlo bien para evitar alguna posible incursión por parte de los sembradores o refaccionadores del enervante.

Si todo comenzaba desde donde te habían tirado, se repartía la provisión, entre todos te cargabas lo que te tocaba, como Dios te diera a entender y se procedía a comenzar con la organización de la patrulla para efectuar el desplazamiento hacia la aproximación al lugar donde se establecería el campamento. Vas avanzando con cautela o sigilo, como lo entiendas, y en los puntos más críticos como los barrancos, desfiladeros, cruces de cursos de aguas, haces el avance un poco más lento, inclusive vigilado.

En la repartición de la provisión para la confección de los alimentos de campaña, me había tocado un sartén grandísimo de acero inoxidable con su pata, pero muy estorboso. Solo opté por amarrarlo en la parte de atrás de mi maleta. Pero resulta que, al ir caminando hacia un movimiento oscilatorio, y peor al cruzar un sendero entre dos paredes de piedra, mi sartén hacía el efecto como si de una campana se tratara, pues chocaba en las piedras de lado derecho y regresaba a chocar en el lado izquierdo, lo que me provocó que me llamaran la atención.

Como iba hasta la profunda retaguardia, solo bastó detenerme un momento y dejar que se adelantara un poco el resto de la patrulla y le di vuelo al sartén, mismo que terminó en el fondo de aquel profundo barranco. Al otro día, en la base de operaciones, el cocinero busco su sartén y se cansó de preguntar y echar culpas a todos, y lógico es: **nunca lo encontró.**

XLII • PATRULLA Y EL PLANTÍO DE "PINITOS"

El mismo día en que salimos a establecer lo que sería nuestra primera base de operaciones, posteriormente a hacerlo, salimos de reconocimiento y solo se quedó el pelotón de seguridad del campamento. Tras avanzar aproximadamente media hora, el comandante de base y patrulla ordenó un alto horario para descansar un poco, dándome la siguiente indicación:

—Mira, Ibarra, desplázate aproximadamente unos cincuenta o cien metros por esa vereda que se ve por ahí y fíjate si no hay nada sospechoso.

—Enterado respondí poniéndome de pie y comenzando a caminar en la dirección indicada.

Al subir una pequeña pendiente para ver lo que se encontraba tras ella, ahí estaba: era un hermoso sembradío de unos "pinitos" de un verde bandera muy llamativo que se asemejaban mucho a los que adornan en las casas en la época de Navidad; mismos que con el poco aire que soplaba a esa hora (aproximadamente las dos de la tarde), se desprendía un aroma característico, propio del hachís (resina de la planta de la marihuana).

En automático y con rapidez propia del más veterano y experimentado soldado, "corté cartucho" (cargar el arma), y comencé un avance vigilado para evitar ser sorprendido y estar listo para repeler cualquier agresión. Siempre vigilante y tratando de ver hasta el más mínimo movimiento de un posible agresor.

El ruido del cerrojazo de mi arma, mis compañeros lo escucharon, y sin necesidad de que yo los llamara a viva voz, comenzaron a correr reduciendo silueta, con toda la precaución del mundo, hacia el punto donde yo me encontraba, procediendo el oficial y los sargentos a organizar la seguridad para la destrucción del plantío.

Una vez que se hubo arrancado toda la marihuana, se tomaron medidas y fotos para el parte correspondiente. La marihuana se encontraba ardiendo en una gran hoguera; el oficial, sargentos y algunos elementos del resto de la tropa me felicitaron por haber sido quien encontrara el plantío.

Sí, el primer plantío de marihuana de nuestra operación de cuatro meses lejos de nuestro propio sector en Jalisco. A partir de ahí habría muchísimos más, tantos que hasta terminábamos al final del día sumamente agotados, pero felices de hacer lo que nos gustaba. Era una gran comisión y día con día salíamos con la idea de romper nuestro propio récord de plantíos destruidos y, por la tarde, nos poníamos a escuchar las conferencias de los demás comandantes de base para saber sus números, pues todos queríamos ser número uno en plantíos destruidos.

Era un vicio destruir plantíos de marihuana y amapola. Ese era nuestra razón de ser, nuestro ambiente, el riesgo de enfrentamiento con los interesados o dueños de los plantíos; riesgo de que te mordiera alguna serpiente, riesgo de desbarrancarte en algún desfiladero, de ser arrastrado por la corriente de algún río o arroyo, pero ahí estaba yo, era mi ilusión de tiempo atrás realizada, un anhelo de vida en plena consumación. Era mi todo, era mi triunfo, era mi logro.

XLIII • LA MASCOTA RUPERTA

Cierto día después de destruir un plantío bastante grande de amapola, uno de mis compañeros se encontró una serpiente ratonera de aproximadamente dos metros de longitud, y en su parte media tenía un diámetro de veintidós centímetros aproximadamente. El caso es que, tras comentarlo entre el personal del pelotón, decidimos adoptarla como la mascota y procedimos a transportarla al campamento.

Como es lógico y tras deliberarlo, le pusimos el nombre de "**Ruper**ta". Cada día nos turnábamos para conseguirle ratones o alguna que otra ave para que se alimentara y en los recorridos nos acompañaba, viajando enredada al cuello y cuerpo de nosotros dócilmente. Era una sensación agradable llevar a Ruperta, pues contrastaba el calor de la temperatura ambiente prevaleciente y lo casi helado de la piel de la serpiente.

Por las noches, la dejábamos a libre albedrío, dentro del vivac o casa de campaña, pues esta era más o menos grande, hecha la estructura de palos rústicos, techo y paredes de plástico negro, con una sola puerta por uno de sus extremos. En ocasiones, llegué a despertarme al sentir el peso de la serpiente que pasaba por encima de mí, inclusive de mi cara; algunas otras, despertaba y ahí estaba Ruperta, enroscada a mi lado.

Realmente Ruperta ya era doméstica, una gran compañera nuestra y miembro del segundo pelotón. Desafortunadamente, pudimos darnos cuenta de que Ruperta, nuestra mascota, como a los quince días de estar con nosotros, comenzó a no comer, por lo que con tristeza y todo... (sí, dije tristeza, pues nos habíamos acostumbrado a ella y hasta cariño le teníamos), tuvimos que sacarla a lo que fue su Último recorrido con nosotros.

Así como un día la capturamos para hacernos de ella, asimismo le dijimos adiós a Ruperta en un lugar donde había mucha vegetación y cerca de un gran ojo de agua, procurando que no batallara por alimento y agua. Así fue como nuevamente nos quedamos como habíamos llegado... sin mascota, sí, sin Ruperta.

Y con un gran sentimiento de quien pierde a un amigo, al cual siempre quisiste porque te acompañó en todo momento y lugar. Lo único que nos consolaba era saber que ahora estaba en su hábitat natural, solita se proveería de su alimento y pronto se adaptaría al lugar, pues tienen la facultad de la plasticidad para incorporarse al medio ambiente de una manera asombrosa. Así fue como dijimos adiós a Ruperta.

XLIV • NOVIECITA (EMBARCADO POR "BOCÓN")

Dicen por ahí las "malas lenguas", que los soldados somos, o bien, éramos como los marinos: en cada puerto un amor, y pues aquí no digo que no, pero tampoco me atrevo a afirmarlo, son temas muy difíciles de discernir y siempre traen controversia. Por ello, mejor continuo con mi relato y me apego a su juicio, mi querido lector; mismo que hago con base en la información o lo que tenga comprobado de primera mano.

Cierta ocasión, toco el establecimiento de la base de operaciones en un pobladito de Sinaloa, casi colindando con Durango. Pues bien, pedimos la escuela prestada solo para pernoctar y se nos autorizó, siempre y cuando, sacáramos nuestro equipo durante el día, pues era época de clases para los niños. Y así lo hacíamos, dormíamos dos pelotones en los salones y el tercer pelotón se quedó a pernoctar a orillas del camino, donde se estableció el parque de vehículos.

Ahí construyeron su Vivac. Y los que nos quedábamos en las aulas, cada mañana sacábamos todo el equipo y lo montábamos en nuestro vehículo orgánico, mismo que permanecería a resguardo del pelotón que se quedaba de descanso, mientras los otros dos pelotones salían a reconocimiento, para la localización y destrucción de plantíos por mano de obra e incineración.

La escuelita, en uno de sus laterales del terreno, colindaba con una casa, la cual nos enteramos de que era una tiendita y, por lo mismo, había una pequeña puerta que comunicaba a la escuela con la tienda. Comenzamos a consumir lo básico indispensable en la tienda, donde había dos muchachas muy guapas, de aproximadamente diecisiete años, Charo, la menor y Carmen, la mayor de ellas, de veinte.

Cabe destacar la gran belleza de las dos hermanas. Pero la menor era por mucho más atractiva que la mayor (o así me parecía a mí), y era mi opinión ante mis compañeros cuando se trataba el tema. Por las tardes, ahí en el patio de la tienda se llenaba de soldados, consumiendo, pues era la hora de descanso y ya se había trabajado la mayor parte del día. Los encargados del reconocimiento de ese día, ya habían regresado, aseado y se entregaban al descanso.

Por mi parte, me quedaba del lado de la escuela, bajo la sombra de un árbol o sentado en la banqueta de la misma, observando a mis compañeros, los cuales asediaban con sus pláticas a Charito (nombre ficticio, para proteger su identidad). Créanme que no comprendía y menos justificaba a mis compañeros, pues todos a la vez la rondaban y ustedes me darán la razón, de que es de muy mal gusto, sin embargo: ¿qué podría decir un soldado novato?

Solo cuando ya todos se marchaban a descansar, me acercaba a hacer mis compras y cierto día ella, Charito, me pregunto:

—Oye, ¿por qué tú no eres como todos los soldados, tus compañeros?

—¿Cómo son ellos?

—Pues sí, todos vienen en bola, compran y se quedan mucho rato y son muy volados con nosotras. Y te he estado observando y tú evitas hacer todo como ellos, como si quisieras ser diferente.

—Es por seguridad —respondí—. Pues mientras ellos compran, yo les estoy dando seguridad desde la escuela, es la indicación que tengo.

—Pero ¿por qué no ponen a otro, para que también tu vengas a comprar y sentarte un ratito aquí en la casa, por qué siempre tú?

—Cada uno tiene funciones diferentes y esa es mi función, tengo que desempeñarla —respondí.

—Ah ok, ya entiendo.

Tras despedirme, dando las buenas noches, me retiré a descansar. Solo que trascendió que un buen día, por la tarde, mientras mis compañeros se arremolinaban en la tiendita, se me acercó a platicar un practicante de la docencia que daba clases ahí, pues no había maestros titulares. Aún no se había graduado para ejercer en el magisterio y, por consiguiente, cobrar en forma.

—¿Cómo ve, mi amigo, qué le parece Charito?

—Es verdaderamente guapa, se ve que es muy decente y hacendosa. —respondí

Mencionado personaje sonriendo me dijo:

—Sí lo sabré yo, ahí como y duermo, les pago y me lavan mi ropa y los fines de semana me voy a visitar a mi familia, que está en Sinaloa de Leyva. De allá soy. Y sí, es muy respetuosa, decente y nunca ha tenido novio.

—Pero dígame, ¿qué no le gustaría que ella fuera su novia?

—Cómo no —respondí—. ¡Por supuesto que sí!

—Pues bien, si gusta se la saludo. Porque creo que también a ella, usted le parece atractivo.

—¡Hágamela buena! Está bien, salúdela de mi parte y dígale que la felicito por ser tan hermosa.

—Claro, yo se lo digo.

Al siguiente día, nuevamente por la tarde y platicando con mencionado maestro; tras hablar de temas sin importancia, ya para despedirse y retirarse a descansar, me dijo:

—Se me olvidaba, dijo Charito que gracias y también le manda saludos.

—Okey. Saludos para ella.

Así por varios días, platicamos y yo le decía que me saludara a Charito y él me traía saludos de ella. Cierto día, nos preparamos para salir de reconocimiento, solo que esta vez, iríamos "móviles" (llevamos abastecimientos para estar fuera por ocho días y el pelotón de descanso se quedaría a cuidar los vehículos y el resto del equipo).

Íbamos avanzando despreocupadamente, y con todas las medidas de seguridad, pues lo hacíamos en forma ascendente por el lecho semiseco de un arroyo. En un punto del mismo, había que hacerla de alpinista por una gran roca, que estaba muy áspera, se podía pisar y agarrarse con las manos, pero medía aproximadamente doce metros.

Todo marchaba bien, cuando de pronto, el soldado "Hammer" (apodo ficticio), se descuidó, cayendo aparatosamente hasta la base de la roca. La caída fue de una altura aproximada de diez metros. Nos costó mucho subir y, de repente la mayoría de nosotros, quien sabe cómo, ya estábamos abajo, auxiliando al "Hammer".

Afortunadamente, la mochila de campaña, con la cobija, chamarra y demás implementos de campaña, amortiguaron lo que sería un golpe casi fatal. Al interrogarlo acerca de su estado, manifestó que le dolía un poco la pierna izquierda por haber caído en parte sobre ella, aparte de que la tenía raspada. El oficial, sin más dijo:

—Regrésate a la base con mucho cuidado y que te acompañe Ibarra, váyanse con cuidado y preséntese con el sargento "Badillo", y ahí nos esperan. En ocho días nos vemos.

A pesar de que me gustaba mucho mi trabajo, la aventura y adrenalina de reconocer e ir al alba por aquello de alguna emboscada, me alegré de ser designado para regresarme. Les juro que, aun sin proponérmelo en ese momento, cruzó por mi mente Charito.

Así que procedí a sacar mis galletas, leche de polvo, mermelada y demás golosinas que había adquirido para los ocho días "en terreno", y lo repartí entre el demás personal que continuaría hacia arriba y adelante a trabajar.

Ni tardo ni perezoso, me coloqué la mochila de campaña de mi compañero al frente, pues ya llevaba a la espalda la mía, tomé su fornitura con sus cargadores y la puse sobre mi mochila a la altura de la nuca, solo le dejé su arma y le dije:

—Me llevaría también tu arma, pero mejor consérvala por si alguien nos quisiera hacer la bromita de emboscarnos, para que me apoyes a repeler la agresión —a lo que asintió.

De inmediato, corté cartucho a lo cual el "hammer" que, por cierto, era más veterano que yo, me imitó y comenzamos a caminar de regreso a la base; por fortuna, solo estábamos como a una hora y media de ella. Aconteció que el maestro de la escuela se extrañó de verme por la tarde, me llamó y tras hacerme el comentario de su extrañeza, me dijo:

—Dice Charito que su papá le dijo a ella que cuándo pensaba usted ir a hablar con él.

Despreocupadamente le respondí:

—Un buen día de estos ahí le caigo, pues casi nunca está el señor. Y cuando lo veo, anda repartiendo leche en el pueblo o va arreando ganado.

Y era cierto, casi nunca se le veía al señor ahí en la casa durante el día. Solo por la tarde, casi noche. Pues en esos lugares, a la gente que se dedica a la siembra y cultivo de enervante, simplemente, nunca se les ve. Solo cada ocho o hasta quince días. Duran fuera de sus casas mucho tiempo; y lo curioso que cuando preguntas, todos andan campeando con el ganado, cuando los que en verdad siembran lícitamente, se les ve a diario descansando, arreando las reses, montando caballos, pero a diario llegan a sus casas y venden carne, grano o leche. El maestro continuó:

—El papá dice que él pondrá un torete o los necesarios para la comida de ocho días, la música y el juez, y que usted se preocupe únicamente por el vestido de los dos y los zapatos.

Nuevamente, con la vista en un punto "x" y despreocupado volví a responder:

—Okey, ¡qué suave, ya la hice!

De pronto, el maestro me dijo:

—A ver... espere, déjeme le aclaro que desde el primer día que usted le mandó saludos a Charito, se los di y todo lo que yo le he dicho, saludos y esto de su papá, ¡es completamente cierto! Así que, si usted piensa que solo estoy jugando y diciéndole mentiras, está en un error. Todo es verdad.

Créanme que un balde de agua fría me hubiese caído mejor, sin embargo, recobrando mi aplomo le respondí:

—No señor, yo también estoy hablando en serio, y nunca pensé que fuera broma, solo que por el trabajo no he podido ir a hablar con los papas de Charito".

Maldito, sí entendía el por qué había dicho eso, tal vez porque repito, no me gusta ser la burla de nadie, pero a mis escasos dieciocho años, necesitaría estar loco para "embarcarme así".

—¡Qué bien! —respondió —. La verdad que si creí que usted me estaba tomando en broma.

Y ahí voy nuevamente de pend...jo.

—¡Para nada! —respondí.

—Okey. Entonces para decirle que en estos días va usted por ahí para hablar con ella y los papas.

—Okey, así quedamos —respondí.

Al otro día, prácticamente me mantuve "camuflajeado" de todos ellos (del maestro, de Charito y su familia), cavilando en la "regadota" que había cometido y lógico... "pasando aceite". Ya me imaginaba la tremenda llamada de atención de mi coronel comandante de regimiento, cuando supiera que me CASARÍA con una lugareña. Y el tremendo "chorote" (letanía, sermón etc.), que me diría.

Para aquel entonces, se tenían antecedentes de que; la mayoría, si no es que a todas las personas u organizaciones de transgresores de la ley, crimen organizado, etc., les conviene mucho, emparentar con algún elemento, ya sea de seguridad pública, Fuerzas Armadas, departamentos o direcciones gubernamentales, etc., para que esto sirva de pantalla para tapar sus actividades delictivas.

Aunque fuera su relación de parentesco, solamente con "Ryan", el soldadito más mugroso y "Zorron" del regimiento, y en ese momento... "Ryan" el zorrón, era yo, en el caso de que resultara ser que esa familia tuviera en verdad, antecedentes delictivos.

Pero en este caso, aunque a mis escasos dieciocho años de juventud, mi instinto no estaba tan desarrollado, creía no equivocarme con lo referente a la honorabilidad de aquella familia, a la cual pertenecía Charito.

Tras interrogar al maestro y algunas personas más del pueblo, me enteré que efectivamente, era una familia honorable e intachable, y que Charito y su hermana nunca salían de su casa; a menos que fueran acompañadas de su mamá. El padre y su hijo eran verdaderos campesinos que siempre se habían dedicado a la siembra de maíz, cría de ganado, venta de granos, carne y leche.

Esto me tranquilizo. Pues sí, el papá en verdad se dedicaba a cultivar maíz, frijol, calabaza, entre otros. También era quien surtía de carne y leche al pobladito. Mis superiores no tendrían por qué poner objeción a mi relación con esa familia, independientemente de que era una decisión muy personal.

Pues bien, debo aceptar que a mí me gustaba Charito, como casi a todos; pero de eso a que la amara, aún había kilómetros y kilómetros de distancia. Pues ustedes me darán la razón, que no se puede amar a quien no conoces, así como no se puede extrañar a quien nunca ha estado contigo, ni puedes abrazar a quien no ha llegado.

Esa era mi situación, pues apenas si había cruzado algunas escasas palabras con Charito y resulta que ya casi era mi prometida. Esa noche no pude dormir, dándole vueltas al asunto; por bocón estaba en una broncota del tamaño del mundo. Al día siguiente, como a las diez de la mañana, me acerqué a la tienda a comprar una soda; estaba despachando la mamá de Charito.

—Buenos días, señora, ¿cómo está usted?

—Hola, buenos días, ¿qué va a querer?

—Una soda —respondí.

De pronto, para mi sorpresa, puso frente a mí tres sodas y las destapó. Y todavía, dentro de mi ingenuidad le dije:

—Oiga, solo le pedí una.

Sonriendo, gritó hacia el interior de la casa:

—Charooo, saca tres sillas.

"TIERRA, TRÁGAME", pensé mientras un escalofrió recorría todo mi cuerpo. Quería salir corriendo, pero mi orgullo de "militar y caballero" no me lo permitió. Al momento, salió Charito con las sillas y colocó dos completamente unidas una a la otra y la restante, una sola frente a estas.

—Siéntate, no muerdo —me dijo Charito, con su bella sonrisa en los labios, mientras señalaba una de las dos sillas que estaban juntas; sonrisa que en un espejismo pasajero, a mí me pareció la sonrisa del "Guasón", pues con ella prácticamente sellaba el fin de mi soltería. Ella despreocupadamente ocupo su lugar junto a mí y tomó mi mano.

La suerte estaba echada, caí redondito en la red y, por dignidad y orgullo, no me podía ya liberar. ¿Cómo se puede ser tan pend...jo? Si apenas has cruzado palabra con una chica y de pronto, nada más así, porque te ven tu carita de "cría", o porque creen que eres el más idiota de toda la base, ¡YA TE VAN A CASAR!

¡Era inverosímil! Y, sin embargo, ahí estaba "Ryan", sentadito muy derechito, con su pecho saliente, barba recogida, vista al frente; listo para recibir la "metralla" y dar el sí definitivo, y eso sí, como si fuera la "pura verdad", con la tersa mano de Charito, entre la mía con sus deditos entrelazados con los míos. El interrogatorio, por parte de la mamá de Charito, se dio de la siguiente manera:

—¿Cómo te llamas?

Le di mi empleo de soldado y nombre completo.

—¿Cuántos años tienes?

—Dieciocho —respondí.

—Uy, Charo solo tiene diecisiete. ¿Es usted casado?

—No.

—¿Tiene a sus dos papas?

—Sí.

—¿De dónde es?

—De Guadalajara.

¿Ahí vive?

—No, en un pueblito a cuarenta y cinco minutos aproximadamente de la ciudad.

—Al casarse con Charito, ¿vivirían allá o la dejaría aquí a ella?

— Claro que viviríamos allá, de ninguna manera la dejaría aquí, sola. Claro que, en mis vacaciones, invariablemente, si es que nos lo permitieran, las pasaríamos aquí, con ustedes.

—¡Por supuesto que los recibiríamos en vacaciones aquí, de mil amores y con los brazos abiertos!

—¿Pero dígame, ¿por qué no la dejaría a ella aquí?

—Porque si nos casamos es porque deseamos compartir juntos nuestras vidas, es la naturaleza de un matrimonio, y en virtud de que mi trabajo esté allá, pues ella tendrá que irse conmigo.

—¿Y si sus comandantes no lo dejan que se la lleve?

—Claro está que no me la llevaría en el convoy militar, y el casarme es decisión solo mía y como es muy personal, mis comandantes no tienen por qué interferir en ella —repuse.

Entonces, ¿se casaría y después vendría por ella? —preguntó.

—Bueno, tal vez sea mejor, solo formalizar las cosas, para no hacer todo al vapor y de forma precipitada, agobiados por la presión y el estrés de mi trabajo y el qué dirán mis comandantes.

—Podemos casarnos después de que me hayan relevado de aquí, regreso y hacemos la boda.

Aquí, inconscientemente y sin proponérmelo, le di vuelta a la tortilla y le metí un golazo de penalti a "mi suegra". Sí, gane un poco de tiempo, pues ellos querían la boda a la de ya.

—Bien pensado —respondió—. Así no habría ninguna presión con su trabajo y disfrutarían los ocho días que quiere el señor padre de la novia que dure el festejo.

—Efectivamente, —respondí—, y podré traer inclusive a mis padres.

—Muy bien pensado. ¿Y se casarían por la iglesia o no es católico?

—¡Claro que soy católico! Y si nos casaremos por el civil y la Iglesia, para que Dios nos dé su sagrada bendición.

—¡Qué bien sonó eso! —dijo Charito.

Y por último volvió a decir:

—Entonces, ¿solo en vacaciones la traería para que nos visitaran y poder verla?

— Bueno, pues yo solo tengo vacaciones una vez al año, aprovecharíamos. Pero también ustedes podrían ir para allá y estar el tiempo que quieran con nosotros y Charito, aunque sola podrá algunas veces venir también a visitarlos.

—Okey. Así estaría bien, claro que sí.

—Bueno —dijo poniéndose de pie—, ya lo más importante lo dijimos. Por la noche que venga el señor le comentaré todo y no se preocupe por él, es muy serio, pero es muy buena persona y haga de cuenta que lo que usted me dijo, es como si lo hubiera hablado con él. Con permiso —dijo llevándose su silla.

Y ahí me dejó sentado al lado de una casi completa extraña. La verdad no supe ni qué decirle y tampoco sé qué sentía, si coraje por haberme metido en este aprieto y haberme tendido la cama donde caí redondito. O felicidad porque me hacía sentir grande, un "Don Juan" muy experimentado ante mis compañeros, pues Charito era la chica más hermosa del pobladito.

Y ahora estaba a un paso de ser mi esposa y futura madre de mis hijos. Independientemente, también de que, de las dos hermanas, era la más asediada por todos mis compañeros. Lo que sí acepto, es que me sentía distinguido, pues a pesar de que casi toda la base de operaciones anduvo como abejas a la miel tras ella, yo "a control remoto" la conquiste. O cuando menos, eso parecía. Solo permanecimos un rato mirándonos y con nuestras manos entrelazadas, luego ella se puso de pie mientras decía:

—A las siete iré a la huerta a sacar agua del pozo, ahí te espero.

—Está bien —respondí— ahí estaré.

Y claro que acudí a la cita, cuando vi que iba hacia allá. Y en vista de que por un detalle de indisciplina del personal que se había quedado en la base, el sargento había prohibido ir a la tienda, tomé una cubeta de repente, y dije:

—Mi sargento, solicito autorización para ir a traer agua.

—Está bien, pero de volada —respondió. Lo que nunca se fijó y claro no le dije, fue que tomé la primera cubeta que encontré y salí casi corriendo, pero la cubeta...¡no tenía fondo, era solo el cascarón!

Sentados en el pozo y tomados de la mano, como si de mucho tiempo fuera nuestra relación, platicamos un buen rato de trivialidades, hasta que me llamaron para el pase de lista. La suerte estaba echada, o cuando menos eso creí. Después ocurriría el desenlace.

Los días, siguieron pasando, así como diario mis citas en el pozo con Charito. La verdad, no sé por qué, pero no quería encontrarme hablando con el papá de ella. En cierta forma, "le sacaba cañas al tercio". Hablar con él era formalizar al 1000 % la relación y yo aún me resistía a creer que esto estuviera pasando. Aunque la verdad, a estas alturas de las citas con Charito en la huerta, comenzaba a ver de distinta manera todo el panorama que se me ofrecía. ¿sería que me estaba enamorando?

El personal que se encontraba fuera llegó. Era sábado y, de pronto, comenzó a llegar mucha gente del pueblo al gran patio de la tienda, sobre todo señoras, muchachas y niños. El maestro se acercó y me dijo:

—¿Listo para el baile?

Solo por contestar algo le dije que sí, pero hasta ahí "me cayó el veinte" de por qué tanta gente. Como a las ocho horas, comenzó la música, en una pequeña grabadora pusieron música de banda y la muchachada o "plebada", como dicen por allá, comenzó a bailar. La mayor parte del personal militar de la base se encontraba ahí, e hicieron lo propio.

Yo desde acá, como siempre, solo observaba cómo se desarrollaba todo. Hasta ahí me di cuenta de algo que me ha parecido muy curioso: cuando una pareja terminaba de bailar, si el hombre no le soltaba la mano a la mujer, era porque quería seguir bailando con ella. Pero si por un descuido le soltaba la mano y otro se la tomaba a ella, el anterior bailador perdía todo derecho, pues hasta ella misma le hacía ver que él la había soltado, por lo que ahora bailaría con el otro.

Pude darme cuenta de que casi todos querían bailar con Charito, hasta que ella, argumentando que iría a tomar agua, le dijo al "profe" que me buscara y me dijera que fuera. Pronto me encontró este señor y me dio el recado, por lo que "haciendo de tripas corazón", me encaminé al baile.

Desde que Charito me vio aproximarme, soltó la mano del compañero que la tenía tomada y fue a mi encuentro y me tomo a mí, cosa que en verdad agradecí y me hizo sentir sobresaliente entre todos, pues esto no pasó desapercibido para nadie, pues era de entre todas las chicas, una de las más populares por su belleza.

Bailamos varias canciones hasta que de pronto, una ráfaga de "plomazos" se escuchó. Cabe mencionar que la mayoría traíamos el arma a la granadera (suspendida en la espalda), por lo que de inmediato, indiqué con una señal a Charito que se metiera a su casa, mientras todos sacábamos nuestra arma y corríamos a tratar de ubicar al enemigo para repeler la agresión.

No se miraba nada y aparte de eso estábamos completamente encandilados por los focos del baile. Algunos por la huerta, otros por el patio de la escuela, por escuadras y pelotones íbamos avanzando, prestos a abrir fuego. De pronto, el comandante de la base gritó desde donde estaban los vehículos:

—Todo el personal reunirse.

A esa voz, todos corrimos a formar sobre el camino, mientras en la tienda toda la gente, que quien sabe cómo cupo toda en la casa de Charito, comenzó a salir nuevamente al patio, sin saber en sí qué había ocurrido. Entre tanto, mi comandante, nos ponía una buena "enjabonada".

Resulto ser que quien disparó la ráfaga, fue el "Coco", el elemento de transmisiones (el traca, el Radio-operador). El cual manifestó que, al salir del baile decidió darse un rondín y llegó a los vehículos y encontró al Soldado "Ryan", el que se encontraba de servicio de vigilante durmiendo, y las armas de algunos elementos de ese pelotón, mismos que se encontraban en el baile desarmados, por lo que sus armas se encontraban a la vista del mejor postor que pasara por el camino. Por lo que, molesto por tal descuido, decidió llamar la atención de todos.

En esto le doy la razón, hizo bien y repruebo a todos los que andaban desarmados y no estoy de acuerdo para nada con el vigilante que se durmió. El sargento Badillo, como fue su personal el que motivo todo, salió en broncas con "el traca" por haberlo "balconeado" de esa manera. Después todo se aclaró y fueron castigados los que "apañaron", pero por lo pronto se acabó el baile. Todos a dormir y los de servicio, a su servicio.

XLV • ¿ME SALVÓ LA CAMPANA?

Una semana más de trabajo comenzó, y entre salidas a trabajar y días de descanso para mi Pelotón, siguió avanzando el tiempo y de pronto llegó la orden. Era de trasladarnos a unas coordenadas aproximadamente a cinco kilómetros de ahí del poblado, aunque no era muy lejos ni era abandonar el área.

Ya me había ido a despedir de Charito, sin embargo, cuando todos nos encontrábamos montados en los vehículos, llego corriendo Charito y justamente cuando el vehículo comenzó a avanzar, di un salto hacia abajo y fui a su encuentro, intercambiamos domicilios para correspondencia (tal vez porque presentimos que ya no nos veríamos más).

Pedí a uno de mis "carnalitos" que desde el vehículo donde se encontraba, me tomara "la del recuerdo". Charito y yo nos abrazamos muy fuerte, sequé con mi pañuelo verde olivo las lágrimas que bañaban su rostro, y mirándonos a los ojos y con un cálido beso, selló el adiós y "hasta siempre" vitoreado con porras y gritos de mis compañeros.

Tuve que correr un poco para alcanzar a mi vehículo que ya había comenzado a avanzar, pues los demás carros ya se habían adelantado; subí nuevamente y ahí quedó Charito, con su mano al viento, en mitad del camino, con su rostro completamente bañado en lágrimas. Diciendo adiós a un novio "hecho al vapor" que se marchaba, quizá para siempre.

Al llegar al punto, establecimos la base, eran aproximadamente las doce del día. No sé por qué o tal vez sí lo sabía, pero me resistía y me lo negaba a mí mismo, pero el recuerdo de Charito a solas me hacía derramar una que otra lágrima furtiva.

Serían las tres de la tarde cuando de nuevo una contraorden llegó, era de abandonar la zona por completo y concentrarnos al cuartel General de la Fuerza de Tarea, establecido en Badiraguato, Sinaloa. Desde luego y, de inmediato, "pasamos a proceder" y para las seis de la tarde, ya nos estábamos estableciendo en un dormitorio en forma con regaderas, literas, en fin, un cuartel con todo en forma.

Aquí sí pensé con verdadera nostalgia, mientras me acurrucaba en lo cómodo de mi cama, tapándome la cara con mi manta verde, para que nadie viera que de mis ojos se escapaban unas lágrimas prófugas: "ADIÓS, CHARITO, espero que Dios me conceda poder volver a verte o quizá volver por ti".

Resultaba completamente imposible el hecho de regresarte a un punto o área donde ya habías estado operando. Dos días después de llegar ahí, ya era domingo, y ahí había algunas horas de franquicia, y mientras algunos las aprovechaban, para salir a los restaurantes del lugar, algunos como yo, acudimos al lugar del accidente muy mentado en el corrido popular del "Avión de la Muerte". Lugar mismo donde nos dimos un buen baño en el río y dimos cuenta también de un six de cerveza, para que la refrescada fuera total.

Ahí también se me recrudeció nuevamente el recuerdo de Charito, pero también pensé que, pues no hubo nunca una buena proyección de un futuro maduro, para nosotros solo se trató de una atracción con enamoramiento a primera vista. Éramos realmente unos desconocidos, a quienes la casualidad accidentada, nos hizo encontrarnos, gustarnos y, de repente, crear castillos en el aire, sin bases firmes, sin conocernos bien.

Por lo pronto, independientemente de lo que viniera después por medio de la correspondencia, me daba cuenta de que una "cría" como yo, con mis dieciocho años, ya casi diecinueve, se me hubiera caído el mundo a pedazos por la inexperiencia, y ya casado, ¿quién sabe cómo me hubiera ido?

Lo cierto es que, por lo pronto, como si fuese un boxeador, aunque tal vez muy a pesar mío, pues al final me dolió, "me había salvado la campana". Debo decir con toda la verdad, honestidad y de corazón que el haber contraído matrimonio con Charito nunca hubiera sido un sacrificio para mí. Pues en los últimos días de mi estancia con ella, ya veía y sentía todo diferente a cómo lo vi al principio.

Pero claro, Dios es el que tiene siempre la última palabra y nos da solo lo que nos toca. Tal vez solo fuimos una bonita experiencia uno del otro. El caso es que para bien más que para mal, siempre al principio, extrañé mucho a Charito y ahora, cuando la recuerdo, lo hago con mucho respeto y cariño.

Tiempo después, al llegar a Jalisco a mi regimiento, sostuve comunicación con Charito, en total cuatro cartas, con intervalos de tiempo de entre veintidós días y un mes, pues mis cartas llegaban a Culiacán, a un domicilio familiar de ella. Después se las hacían llegar a ella al pueblito. Hasta que en la quinta carta que le mandé, confiando en que algún día nuestra relación maduraría y volvería a encontrarme con Charito, simplemente... nunca obtuve respuesta.

¿Qué paso, qué cambio, cómo fue? Nunca lo supe. Insistí un poco más con otras dos cartas, pero jamás me llego nada de ella; lo que interpreté como que ya había encontrado alguien más, de quien sí se enamoró por completo y, por ello, ya no respondió a mis cartas. Ahí fue el final definitivo de mi amor platónico, de "mi amor al vapor".

XLVI • DEMOSTRACIÓN

Cuatro días, después de haber llegado a Badiraguato, nuevamente tuve que correr, armarme, tomar mi equipo y a correr al helipuerto y abordar los tres helicópteros Bell-212 del Cuartel General. Ahora la hacíamos de Caballería Aerotransportada. No sabía hacia dónde me llevaban, claro que no sería a una fiesta de etiqueta, qué más daba, era mi pasión, mi gusto, mi sueño hecho realidad.

Tras volar por alrededor de cuarenta minutos, tuve que saltar desde una altura de tres metros aproximadamente del helicóptero al piso y correr a proporcionar la seguridad a los helicópteros, al igual que mis compañeros de pelotón y sección. Una vez establecida la seguridad a los trescientos sesenta grados, los helicópteros tocaron tierra y apagaron motores. Ahí, el capitán primero de Caballería Diplomado de Estado Mayor, jefe de operaciones de la F.T Marte, nos reunió a todo el personal y dijo:

—Señores, tal vez a todos les parezca extraño todo esto, solo les diré que la misión aquí es el cuidar y vigilar el riego y crecimiento de los plantíos de marihuana y amapola de toda esta área.

En lo personal, sentí que todo mi mundo se caía a pedazos y pude darme cuenta de que mis compañeros sintieron lo mismo por sus expresiones. El capitán, sonriendo, dijo lo siguiente:

—No mal interpreten, antes escúchenme. Efectivamente, cuidarán de esos plantíos y en su momento de madurez, serán destruidos, pero ante la vista y presencia de unas grandes personalidades; se trata de agregados militares de muchas partes del mundo. Por eso, confió en ustedes que hagan que los plantíos se desarrollen y estén hermosos, hasta el día de su destrucción.

La sangre me volvió al cuerpo de inmediato y tras despedirse el capitán y despegar y retirarse los helicópteros, dimos un recorrido al área y ubicamos todos los plantíos de marihuana, los cuales parecía que habían sido abandonados, pues algunos, hasta se estaban secando. Y ahí estaba yo, con un plantío de cargo, el cual les arrimé su tierrita a las plantas, las regaba y créanme que la verdad hasta llegué a encariñarme con "mi" pequeño plantío.

Más verde, más grande, más hermoso y cuando ya casi comenzaba a echar sus "colas", llegó el gran día. Por la tarde-noche, hubo una gran movilización, pues tras los silbatazos de alarma de los vigilantes, todos corrimos para adoptar nuestra ubicación dentro del dispositivo del plan de defensa, para casos de ataque sorpresivo en la base.

Por fortuna no era nada grave, se trataba del personal de toda una Compañía de Infantería, la cual tenía órdenes de acudir a apoyar con la seguridad de todas las elevaciones de las inmediaciones, todo un cordón de seguridad para los agregados militares.

Dicho personal esa noche, durmió ahí, y al día siguiente salieron a ocupar sus puestos en las elevaciones que circundaban los picachos, mientras nosotros preparábamos el escenario para lo que sería la demostración de la organización de una patrulla de reconocimiento, la organización de los equipos para la seguridad y destrucción por mano de obra e incineración posterior de la marihuana.

Previo a todo, también se había construido un secadero para que los militares y veteranos del mundo vieran el procedimiento de la localización de un secadero con costales de marihuana en greña, seca y "despatada", lista para ser transportada a los lugares donde se construirían los bloques para traficarla a otros estados o países.

Lo bueno del caso era que ahora esta marihuana estaba lista para su destrucción, y nunca llegaría a las calles donde podían haber envenenado a nuestros jóvenes mexicanos o a nuestros hermanos de otros países.

Todo el teatro estaba montado, y como a las nueve y media se escuchó a lo lejos, el ruido de los helicópteros tras aterrizar, descendieron de ellos aproximadamente, casi cuarenta adultos mayores, la mayoría uniformados con uniformes de gala de diferentes países.

Tras el recibimiento y una pequeña ceremonia comenzó la demostración; una patrulla que se desplazaba con todas las medidas de seguridad y se encontraban con todo un campamento abandonado con un vivac con comestibles y herramientas de labranza, fertilizante, un secadero enorme y varios plantíos de marihuana, y algunos de ellos mixtos con amapola en ellos. Y comenzó la destrucción por mano de obra e incineración, bajo la mirada, toma de fotos y video de algunos de los agregados militares presentes en la escenificación.

Todo se dio como estaba previsto y previamente organizado, y lo que fueran varios plantíos, ya ardían en una gran fogata que abajo ardía, pero cuando aún no llegaban las llamas hasta arriba, varios de los agregados militares se sentaron sobre la marihuana para posar para la foto. Después de esto, las felicitaciones y una comida sencilla, pero no menos sabrosa, que había sido llevada desde el Cuartel General de Badiraguato.

Créanme que nunca como ese día, disfruté tanto una soda que era la propaganda del mundial de fútbol, de ese año y me sabía a gloria al beberla ahí, en campaña, en pleno "terreno" y con un sabor a... ¡DEBER CUMPLIDO!

El resto del día, y una vez que todo el personal de generales y jefes, así como los agregados militares de otros países, aquí en el nuestro, abandonaron el área para regresar a Badiraguato; nos dedicamos a bañarnos en el arroyo y lavamos la ropa, descansamos, dormimos y volvimos a comer. Otra misión concluida con satisfacción; al día siguiente, irían los helicópteros por nosotros para estar en condiciones de una nueva operación.

XLVII • BANQUEADOS

Después de esos acontecimientos, en los Picachos, fuimos trasladados al Cuartel General y tras nuevas felicitaciones por el éxito de la representación, en reconocimiento se nos iba a dejar ahí en el Cuartel General.

Y lo que en otras circunstancias hubiera sido alegría y felicidad para nosotros, o bien para alguien que no tuviera conciencia de la gran responsabilidad que tiene que desempeñar en su situación militar; para nosotros fue la peor noticia que se nos pudo haber dado.

Estábamos "banqueados", no había más, ¿por cuánto tiempo?, quién sabe. Después de ahí, pura guardia en prevención y "banqueta". Nosotros, 100 % terreneros... ahora, perfumados y banqueados.

Lo muy bueno y sobresaliente de toda la vida militar es que tenemos una gran "plasticidad", pues a todo tipo de situación nos adaptamos y después de haber echado pestes porque nos habían dejado en el Cuartel General de la Fuerza de Tarea, esto nos supo después a gloria.

Todo esto debido a que en ese pobladito del estado de Sinaloa podíamos disfrutar de franquicia como en nuestra unidad y, aunque era un pueblo pequeño, había restaurantes pequeños donde se degustaba buena comida, o cuando menos diferente a la que estábamos acostumbrados a consumir en el cuartel.

Los domingos nos íbamos al río frente al poblado, en una montañita visitábamos, creo, cuatro cruces, donde según la historia de los lugareños dicen que se estrelló una avioneta con el piloto y tres soldados. Que dicho sea de paso, un grupo norteño de aquí de mi país canta ese corrido titulado "el avión de la muerte".

Pero cuando ya nos encontrábamos completamente relajados, por mala suerte o quizá por fortuna, solo quince días después fuimos nombrados para otra misión en "terreno". Créanme que, aunque nos sabía a delicias estar francos en el poblado, hasta bailamos de alegría al ser comunicados que seríamos desplegados nuevamente a "terreno".

Todo este festejo se dio porque también en días pasados por alguna trivialidad del servicio, nosotros, o sea el personal de la Sección de Caballería que acabábamos de llegar de las bases de operaciones, tuvimos un conflicto con los paracaidistas que se encontraban de Guardia en Prevención, al grado que hasta estuvimos a punto de hacerla "grande" a golpes.

Así estuvimos, siempre operativos todo el resto de la "Marte", y tras un cambio y otro de coordenadas para establecer la base de operaciones, fue pasando el tiempo hasta culminar la misión ahí, lejos de nuestras casas, de nuestras familias, de nuestro cuartel.

XLVIII • "TIRANDO BARRA"

Cierto día se nos ordenó agarrar nuestro armamento, equipo y salir hacia el aeródromo, seríamos trasladados en lo que llamábamos la "sandia voladora", la cual era el IAI "Araba", (Avión de transporte utilitario de características STOL, construido en Israel, por Israel Air Craft Industries, a finales de la década de los sesenta).

¿A dónde? No lo sabíamos, volamos durante una hora y, de pronto, al aterrizar el araba, salimos corriendo y se nos indicó que así, con la misma velocidad, siguiéramos corriendo y abordáramos unos helicópteros que ya estaban listos para elevarse.

Así lo hicimos y tras otro vuelo de casi cuarenta minutos, los helicópteros tocaron tierra y ahí estábamos ya, de nuevo en tierra y prestos a comenzar otra aventura más en esta fuerza de tarea. Aquí la misión fue más que nada de permanencia, pues tras efectuar largos recorridos, no encontramos nada de enervante y estábamos muy lejos de la civilización. El poblado más cerca ya pertenecía al estado de Chihuahua y se encontraba a casi siete horas de camino a pie.

El mando creo yo que tenía conocimiento de estas condiciones operativas, y como prácticamente sería nuestra última base de operaciones ahí en la Fuerza de Tarea Marte, lo que querían es que fungiéramos como una demostración de fuerza en ese lugar y que nos pusiéramos relax, después de casi cuatro meses de buenos resultados, en todo momento y en todos los aspectos operativos.

En verdad todos los patrullamientos de reconocimiento nos fuimos en blanco, grandes extensiones de terreno recorridas y ni un solo plantío, cosa que nos daba hasta para bromear diciendo que "tal vez los marihuaneros ya se regeneraron".

En verdad, todos los días era una pesada monotonía, eran infructuosos los recorridos, no había nada. Y la pregunta, también salía a flote: ¿con base en que habían decidido enviarnos ahí, si sobrevolaron el área donde estaban los plantíos de amapola o de marihuana? Así que no quedaba más que "aburrirnos de no hacer prácticamente nada". La misión era "tirar barranca", bañarnos todo el día hasta que nos salieran escamas o nos convirtiéramos en ranas. El final de la Fuerza de Tarea Marte, por fin llegó. El relevo ya estaba ahí... por fin.

XLIX • REGRESO A CASA

Era media semana cuando nos concentraron en el Campamento de Siete Gotas, para la organización del regimiento, pues al día siguiente comenzaríamos el movimiento de regreso a casa. Créanme que por la mañana del día en que montamos los carros para integrar el convoy de regreso a casa y decir adiós a Sinaloa, Chihuahua y Durango fue de una gran felicidad.

Todo quedaría atrás, todo. Felicidad, nostalgia, sentimientos encontrados por todo lo vivido, por todo lo sufrido y también lo anhelado. Todo lo vivido ahí en esa área, formada entre los tres estados que la conforman (Sinaloa, Chihuahua y Durango), conocida como el "Triángulo Dorado".

Todas estas operaciones, patrullas de reconocimiento, labores de localización y destrucción por mano de obra e incineración de enervantes, (amapola y marihuana), pueblos áreas y hasta personas que llegamos a conocer, quedarían atrás. Todo estaría propenso al olvido de acuerdo a cada quien, si de conformidad a como lo había vivido cada uno de nosotros.

Incluso Charito, quedaría atrás, acá en su pueblito, con su familia, con su gente, pero viviendo en mi recuerdo, que a mi vez solo decía a ella y a su recuerdo: hasta pronto, hasta luego o... **hasta siempre**.

Sí, así fuese la situación ahora, adiós a todo inclusive a Charito, esa flor del campo que Dios misericordioso me mandó para adquirir aprendizaje por medio de ella y de esa situación que en su momento me hizo "pasar aceite".

Solo me quedaba de ella su recuerdo, su domicilio y una fotografía tomada por mi entrañable amigo "el Chipo", un compañero originario de Acapulco, Guerrero; mismo que fue y estuvo en el momento y lugar precisos, sí, a la hora exacta de mi despedida de mi "noviecita" de pueblo... Charito.

Ese día por la mañana, el levante fue a las cinco de la mañana, y tras acomodar el equipo en los carros, colocar las banderolas, checar por último los motores y niveles de los mismos, el médico pasó la revista de los conductores de los vehículos, así como de los jefes de carro. Se pasó la última lista de presente, y una vez realizadas las medidas de seguridad con el armamento, para evitar accidentes con el mismo, se dio la orden de montar los vehículos.

¡Gran emoción, por fin rumbo a casita! Nuestras familias a estas horas ya nos estaban bendiciendo, para que nuestro éxodo hacia nuestra unidad sede o matriz en el estado de Jalisco se realizara sin ningún contratiempo. Por fin comenzó el desplazamiento rumbo a Tepic, Nayarit y de ahí a Guadalajara y, por fin, al cuartel. Sí, nuevamente a casa.

L • FIESTA AMARGA

El día que por fin se abrieron las puertas de acceso principal del cuartel, mi cuartel, para que accediéramos a su interior, fue un domingo. Muchas familias ya se encontraban ahí reunidas con banderitas de papel de colores, porras y música, nos dieron la bienvenida.

En lo personal, esta vez nadie me esperaba de mi familia. Todo era fiesta y a órdenes de nuestros comandantes de todos niveles, procedimos a introducir equipo y armamento al depósito correspondiente, cosa que hicimos a toda velocidad, mientras se dejaba escuchar la música que el grupo musical del regimiento tocaba en el patio principal. El comedor estaba también listo para recibirnos con un buen platillo especial para darnos la bienvenida.

Ahí por órdenes del comandante del regimiento, se dispuso que los que quisieran acudir al comedor podían hacerlo, incluso si iban acompañados de sus familias; otros ya se encontraban bailando en el patio principal. Y los que quisieran, a partir de ya podrían hacer uso de tres días de franquicia, sin lista de control.

En esta parte, cabe mencionar que lo que más quería era llegar a casa y darle un fuerte abrazo a mi querida madre y a mi señor padre y hermanos. Platicarles de Charito y mi experiencia con ella en la Sierra de Sinaloa; pues cabe mencionar nunca me había alejado por tanto tiempo de casa.

Todo era alegría y que mejor que acrecentarla o compartirla con los amigos, ahí me di tiempo para acudir a saludar al Arandino. A paso veloz, incluso ya vestido de civil, corrí a las caballerizas y no escuche nada de ruidos característicos de unas caballerizas ocupadas por los "pencos"; algunas caballerizas estaban abiertas de par en par. Un vuelco en el corazón me confirmó que algo no estaba bien.

Y al llegar al cubículo de mi caballo, nada, solo su nombre en un pedazo de madera arriba de la puerta de su caballeriza. Ahí pude ver a un soldado "reclutilla", por cierto, encargado de dar el forraje a los pocos caballos que aún seguían ahí y fue quien me dijo que todos los caballos, sí, todo el lote completo, no se sabía si se había vendido o había sido trasladados al criadero de Santa Gertrudis, Chihuahua.

¿Qué habían hecho con mi caballo? ¿Dónde estaba mi niño? ¿Mi bebé, mi compañero y amigo? Querido lector, tal vez en algún momento de vida, yo casi aseguro que sí, les ha pasado que tienen un perrito, un gato, una tortuga, qué sé yo, y nos llegamos a encariñar al grado de adorarlos como si de un bebé se tratara.

Atas prácticamente tu destino al de tu mascotita y a todos lados lo llevas y lo traes, y te desvives atendiéndolo. Si en un momento por alguna enfermedad o porque su ciclo de vida ya cumplió al máximo, dicha mascotita tiene que morir, te duele, pero te haces a la idea de que esto era más que nada... naturaleza. Te dolió, pero estás satisfecho, pues incluso tú le diste destino a su cuerpecito, sufres pero te resignas.

Pero en mi caso no supe nunca nada de lo que fue la verdad. Desafortunadamente, me habían privado de mi caballo y a mi caballo de mí, bien seguro estoy que desde que me fui a la Fuerza de Tarea, él estuvo extrañándome, pero ahora él y yo estábamos condenados a jamás reencontrarnos.

No dije nada y volví sobre mis pasos a la caballeriza del Arandino y lloré con gran amargura.

¿Dónde estaba? ¿A dónde lo mandaron? ¿Cómo pudieron hacerlo? La verdad no había consuelo para tal dolor. Varios compañeros que por ahí deambulaban estaban pasando el mismo trago amargo que yo. Adiós a mi gran y fiel amigo, ya no lo dejaron esperarme, ni siquiera para despedirme de él. ¿Por qué?

Todo el trayecto a casa en el autobús, volteado hacia la ventanilla, para que la gente civil no lo notara, me fui llorando. Aunque lo intentaba, lágrimas calientes salían de mis ojos, no podía parar de llorar. Por fin llegué a casa y otra fiesta se armó ahí, amenizada por las lágrimas y mi madre, solo ella me acompañó en mi dolor cuando les comenté lo de mi caballo. Nuevamente, lloramos juntos.

Amarga celebración, por un lado, feliz por el tema de Charito, aún pendiente y prometedor; pero con esa pequeña parte que no te deja celebrar, pues te duele, te quema, te asfixia. Eso fue mi regreso, una amarga felicidad. Pero ya estaba ahí y lo hecho ya estaba consumado. Había que levantar la cara hacia el frente y dejar que lo que no podías hacer con tus manos para limpiar el llanto, lo hiciera el viento y resecara aquellas amargas lágrimas.

La vida tenía que continuar, una herida más, "una mancha más al tigre". Pero con mucha fe en Dios, seguiría adelante, esperando como todo gran guerrero, que algún día esa gran herida que aquel día había recibido dejara de sangrar.

LI • DE "PERCHA" ANTE MI GENTE

Me creerán que del tiempo que estuve en el glorioso ejército, mi vida, mi vocación, mi todo; solamente como tres ocasiones, fui ahí, al pueblito de El Rodeo de Guadalupe, uniformado. Cuando estuve en adiestramiento no quería que nadie supiera donde estaba o que estaba haciendo, y hasta inventé que trabajaba en una carpintería en Guadalajara para que nadie se burlara si tenía yo que desertar. Por eso traté con mentiras de cubrir todas las apariencias.

Pero después, al estar ya graduado, no tenía ningún empacho en que se me viera uniformado, por el contrario, eso me llenaba, me engrandecía, era mi todo. Y, sin embargo, repito, quizá solo fueron dos o tres ocasiones que fui uniformado ahí al pueblo. A mi casa sí muchas veces llegué uniformado, pero como ya conté con anterioridad, mis padres vivían al pie de la carretera, por lo que yo al descender del autobús, no tocaba antes de llegar a casa para nada el pueblo.

La primera vez que fui se estaban celebrando las Fiestas Patronales del Rodeo, en honor a nuestra Virgen de Guadalupe; por lo regular, creo que hasta la fecha, la celebran el tercer domingo del mes de enero y no el 12 de diciembre que es su día, debido a que los pueblos vecinos, como son Atequiza, Atotonilquillo y creo que hasta la Capilla de Guadalupe, tienen sus fiestas patronales el 12 de diciembre.

Era domingo, el último día de la Fiesta y se desarrollaba un torneo de fútbol en el campo de la localidad, donde estaban concentrados para su participación, aproximadamente entre catorce y dieciocho equipos de fútbol de diferentes lugares.

Pues bien, ahí con toda la marcialidad me atreví a ir uniformado, ante las miradas de sorpresa de toda la gente que me veía, pues era un pueblito chico y todos nos conocíamos. Ahí estaba yo, de "percha", si de "pipa y guante", sintiendo el orgullo más grande del mundo, anteriormente solo imaginado por mí, ante esa gente, mi gente que me vio crecer entre pobrezas. Sí, mi gente que me acompañó cuando falleció mi hermano mayor unos años atrás.

Esa, mi gente a quien hoy en día recuerdo con mucho cariño; esa, mi gente a quien yo consideraba que les debía el que mi más grande sueño se hubiera cristalizado. Por eso fue que, en tan importante fecha para mi pueblo, me presenté por primera vez uniformado, con mi hermoso uniforme verde olivo satinado oscuro (que más bien parecía color café), de montar, ante mi gente, mi pueblo... mi familia; para que se confirmaran los rumores o se esclarecieran las dudas.

Sí, bien sabía que se hablaría de todo, pero ahora era un todo que me favorecía, pues el demonio o sombra de la posible deserción por exceso de trabajo no soportado, se había evadido, ya no había temor a nada. Más bien, una firme convicción de lo que estaba haciendo con mi trabajo, con mi decisión, sí, con mi vida.

Ahora, mi profesión era ser militar, como antes lo fuera ser estudiante, o bien el honroso trabajo que llegué a desempeñar de jornalero, ahí en la plantación de fresa. Ahora la situación estaba de mi lado. ¿Por cuánto tiempo? Solo Dios y mi Virgencita de Guadalupe lo sabrían.

¿Qué se corría peligro? Es cierto. ¿Qué arriesgaba uno o varios, tal vez muchos impactos de arma de fuego? Innegable. ¿Qué podría ocurrirme un accidente? Por supuesto. Pero por el momento, me acompañaba el gran orgullo y satisfacción de estar ahí donde yo quería, en lo que era mi pasión, mi anhelo, mi sueño. Pues en verdad estoy bien convencido de que la felicidad no siempre es solo como la representamos: casándote con una hermosa mujer y como en los finales de cuento, viviendo muy felices para siempre. O como algunos otros lo conceptúan: ganando el premio mayor de la lotería y de la noche a la mañana, volverse multimillonario.

No, querido lector, usted me dará la razón de que la verdadera felicidad, radica en hacer lo que realmente te gusta, te llama... te llena. Incluso, la actividad o trabajo más sencillo, simple o humilde. Yo, por mi parte, era feliz en ese momento como un integrante de las Fuerzas Armadas Mexicanas, específicamente, del Ejército mexicano.

Aquella profesión o trabajo, la cual era precisa y curiosamente, donde casi nadie quería estar. Cuando menos de ahí, de mi pequeño pueblito. Aun a la fecha de redactar la presente obra, tengo la gran satisfacción de que fui el primer militar que hubo salido de ahí, del Rodeo de Guadalupe, poniendo en alto el nombre de mi pintoresco pueblito.

Años después, hará cosa de un año y fracción, unas personas voluntarias de ahí de mi pueblito realizaron un documental de su fundación, en el cual se narraba y se mostraban fotografías y videos de muchas actividades que se desarrollaban ahí en el Rodeo.

Fueron entrevistadas personas que salieron de ahí y pusieron en alto el nombre de mi pueblito, tales como futbolistas, músicos, luchadores, fundadores, etc., sin embargo, sí, querido lector, adivinó. Al suscrito nunca se le nombró, argumentándose después que fue por seguridad y, en verdad, los comprendo y los justifico.

Sin embargo, lo repito: nadie me quitará la gran satisfacción de haber sido el primer militar de carrera que surgió y puse muy en alto el nombre de mi hermoso **Rodeo de Guadalupe.**

LII • OPERACIÓN OFENSIVA

Dentro de las academias prácticas que se desarrollaban a nivel sección y escuadrón, estaba la Operación Ofensiva y claro está que otra unidad diferente, la hacía de Defensiva, es decir, para guardar y proteger la privacidad de los conocimientos de la bibliografía militar. Me reservo la descripción de las fases de las operaciones.

Pues bien, en ocasiones practicábamos montados en vehículos y otras, pie a tierra. Ese día nos tocó hacerlo pie a tierra y tras materializar los avances y desplazamientos de un punto a otro, de un área a otra, por los itinerarios que las coordenadas y la táctica y estrategia que mi comandante de sección y escuadros dedujeron, tomamos e incursionamos al enemigo, venciendo y hasta burlando su defensiva, así como evitamos la emboscada que nos tenían preparada.

Cierto día, tras practicar la mayor parte del día, el examen por secciones sería una prueba de navegación terrestre, ya había pasado la hora de la franquicia y ahí seguíamos, se nos dieron unas coordenadas y teníamos que navegar sobre el terreno, solo con la ayuda de la brújula.

La verdad me encontraba bien desmoralizado y tras ir uniendo los puntos, uno a uno, llegamos al punto final y grande fue nuestra sorpresa al encontrarnos toda una dotación de golosinas, sodas, jugos, etc., acompañadas de un recado de nuestro coronel comandante del regimiento que decía: "Siempre será un verdadero placer el comandar a tropas tan capaces y preparadas, para vencer en todo momento, y conducir a nuestra unidad, siempre hacia el triunfo. Disfruten de este humilde, pero bien merecido detalle, procedieron a hacer uso de su franquicia bien merecida y conquistada. ¡FELICIDADES!".

Créanme que en esos momentos mi moral se elevó al 200 %, pues el hecho de obtener un triunfo, saborearlo y que te feliciten, es algo que se valora enormemente. Y es que aquí dentro del ejército y tal vez en todas las fuerzas Armadas del mundo, tenemos o bien existe algo que se considera casi una regla, que te llega a desmoralizar y "dar para abajo" que reza en muchas ocasiones dentro de los ejércitos: "**LOS ACIERTOS SE MIDEN EN MILÍMETROS, Y LOS ERRORES EN KILÓMETROS**".

¿Por qué? Porque desafortunadamente, llegamos a ser comandantes de los diversos niveles y no sabemos serlo. Existen comandantes natos, así como comandantes a quienes los han hecho. Pero aquí viene la interrogante: ¿quién los hace y como los hacen? Los primeros, sin haber estudiado y sin que nunca hayan tenido el manual del "**Don de Mando**" en sus manos, saben ordenar, analizar, decidir, conducir y hasta llamar la atención a su personal. En su momento encausan, orientan, motivan, estimulan y reconocen y hasta premian al personal que hace bien las cosas.

Mientras que los segundos de la clasificación, muy imposibilitados para resolver las situaciones más sencillas, solo gritan, reprenden, desmoralizan y al final llevan a sus tropas al "matadero", todo por sus malas decisiones, basadas en un raquítico "**yo creí, yo pensé, me imaginé, a mí me dijeron**"; solo consiguen llevar a sus tropas a la vergüenza e ignominia por su impreparación.

Es por eso que los segundos, por lo general, cuando su personal tiene algún logro y sintiéndose ellos incapaces, aunque sean superiores en Jerarquía, lo pasan desapercibido (el acierto lo miden en milímetros), e incluso existen aquellos que van ante el comandante y dicen haberlo hecho ellos para obtener una gloria ajena. Ni una sola felicitación, ni reconocimiento de palabra al personal que tuvo el mérito.

En cambio, cuando algún miembro de su unidad comete alguna falta o error, ponen el grito en el cielo y delante del personal denigran y ofenden al individuo, magnificando de más la falta. Es este el delirio de poder que tienen y lo resaltan, para que todos se den cuenta que son ellos "los que parten el queso". A partir de la falta, muy a menudo, están recordando y "echando en cara" el error cometido, (el error, lo miden en kilómetros).

LIII • CURSO DE MANEJO

Me creerán que sude frío el día que me seleccionaron para realizar el "Curso de conducción o manejo", pues ya sabemos que provengo de una familia de escasos recursos y, por lo mismo, ni pensar en aquel entonces que yo llegaría algún día no digamos a tener, sino solo a conducir un vehículo a motor.

Pues bien, aquel día por la mañana, nos apartaron a todos los soldados de primera y de ahí nos seleccionaron aproximadamente a veinte para comenzar el curso de conducción. El vehículo era un C.L.E., y ya hemos repetido que se trata de un Jeep.

Pues bien, todos los días, nos sacaban a conducir y la verdad era puro "pasar aceite", y ya cuando fue mi turno de conducir, curiosamente se subía el instructor con nosotros (íbamos de a cinco en cada Jeep), aunque hasta sudaba, pero me salía bien, dos o tres jalones al arrancar, (eran estándar) pero bien. El sargento Cuno de Transportes era el responsable. Ibas conduciendo y de repente te decía:

—¡Cuidado, un niño!

Y tenías que "carburar" de volada para hacer lo que procediera, y claro, era frenar. O bien te decía:

—Imagínate que allá a la altura de aquel pino, está un "semáforo" y quedas en una pendiente, hacia arriba, haz lo que debes hacer en tal caso.

Y pues ya tú tenías que "resortearle" y hacer lo propio.

Conforme iban pasando los días, medio le iba agarrando la "onda" y el gusto y de pronto "zas", a "terreno", por entre mes y medio y dos meses. Ya allá entre localizar y destruir enervante, puestos de control y demás, se me olvido que estuve en el curso y nunca me gradué. Así fue durante un tiempo en el que estuve en tres ocasiones distintas en el dichoso curso. La última vez, aunque todavía me ganaba el nerviosismo, estuve a punto de graduarme y una parte del examen, consistía en colocar el Jeep en una rampa para subir ganado a los camiones de carga y mantenerlo por alrededor de cinco minutos con clutch y acelerador, sin que se te moviera el carro ni hacia adelante, ni hacia atrás.

Y para mi mala fortuna, me gano el nerviosismo y... ¡me volé la rampa con todo y mis compañeros arriba! El carro cayó dando tumbos en unas huellas de rodadas de tractor secas que había bien marcadas.

El sargento "Cuno" me grito una letanía completa de "todo", me quitó el casco antibalas y me iba a dar con él, pero al final solo lo aventó al suelo, lleno de furia y profiriendo improperios de todo tipo contra mí. Me corrió y ahí terminó mi curso de flamante conductor. Al otro día, muy "inocentemente", llegué a formar al súper paso veloz al grito de:

—Personal que se encuentra realizando el curso de conducción de vehículos, reeeunirse ya.

Llegué casi quemando llanta, sin embargo, el sargento Cuno, al verme de inmediato, le dijo al oficial encargado:

—Mi teniente, a este cabo ya no lo quiero, cámbielo por otro que ya tenga nociones de conducción o solo bájelo del curso, porque si él no me mata en una volcadura o de un infarto, yo lo voy a matar a él a cascasos, ya no sé si es muy nervioso o muy pend...jo.

El teniente, por su parte, solo atinó a decir:

—Pues ni modo, Ibarra, incorpórate con el personal que realizara la fajina.

En verdad les diré que bastante complacido me regresé al lugar donde el resto del escuadrón ya estaba siendo repartido para realizar los trabajos de aseo y demás labores necesarias en el regimiento. Fue así como pasé mi curso de conducción en blanco, por ser o estar bastante nervioso para controlar un vehículo.

Después vi a mis excompañeros de curso ya superada la prueba, haciendo ahora el curso de conducción de Hummer, totalmente automáticos y nuevecitos (recientemente habían llegado a la unidad). Y pues solo me toco verlos.

"Dicen que lo que bien se aprende, jamás se olvida", y como yo no aprendí bien a conducir estándar pues, hasta la fecha prefiero mejor el automático; el otro sí lo muevo, pero me ganan los nervios. Que gran ironía ¿no cree usted querido, lector? Lo digo porque en este caso yo, que en otras situaciones que en verdad se trataban o se trataron de mucho más riesgo que conducir un vehículo, ahí la descarga de adrenalina y el fiero instinto de supervivencia me llevaron siempre adelante, sin embargo, aquí donde se trataba solo de controlar mis benditos nervios, simplemente... no lo logre. Y no quisiera la verdad, volarme ahora el camellón o algún puente con mi familia abordo. Dirán por ahí: “más vale ser feliz que investigar”.

LIV • TERROR EN LA HACIENDA

Mi unidad se caracterizaba entre otras, porque una parte importante de sus instalaciones, la componía, una exhacienda remodelada; con todos sus detalles, estructura y claro, también con su historia. Algunas personas, por miedo, la verdad que se diga, otros que prefieren ser muy escépticos, se mantienen al margen de lo que para otros es una gran verdad.

Bueno, el caso es que, en esa parte del regimiento, por las noches, ocurrían cosas muy extrañas. Tal vez sea mejor llamarlas "paranormales". En lo personal, para efectos de que no me venciera el miedo, todo se lo trataba de atribuir a alguna cosa lógica, pero... ¿qué haces cuando la lógica te rebasa y ya no te da más argumentos?

Por ejemplo, usted, queridísimo lector, está en mi lugar, de vigilante, ahí en la hacienda. Un edificio de dos plantas, con muchos salones en el primer piso, y en el segundo muchas habitaciones, salones y dormitorios. Tenía una superficie de aproximadamente cincuenta metros por cada uno de sus cuatro lados. Por la parte de atrás, que da hacia el campo de tiro y los campos de Adiestramiento, se encuentra la escalera de tres metros de ancho aproximadamente.

Usted se encuentra como a las doce con diez minutos recargado sobre el inicio de la escalera, la noche es muy fría y cae una llovizna ligera. De pronto, escucha usted el rechinar de las bisagras de una puerta que se abre y no se vuelve a cerrar arriba, en el segundo piso; escucha pasos y el típico sonido de las rodajas de los acicates que usaban los jefes y algunos oficiales, caminando, aproximándose a la escalera.

Escucha que comienzan a bajar los escalones. De pronto, cuando lo siente a unos ocho o diez escalones quizá, te das vuelta para dar novedades y al tiempo que adoptas la posición de firmes dices:

—Sin novedad en mi servicio mi...

¿Mí que?, ¿mí que, estimado lector? ¿Mi fantasma?, ¿mi imaginación?, ¿mi espejismo? O... ¿mi locura, quizá? ¿Qué pensarías al ver que no era nada ni nadie? Y tragando saliva y "pasando aceite", venciendo el escalofrío que te recorre todo el cuerpo, subes corriendo la escalera solo para darte cuenta de que no hay absolutamente, nada ni nadie, todo está en silencio. Pero sientes que de todas las ventanas, en cuyos interiores están vacíos, no hay nadie y, por consiguiente, las luces están apagadas, sientes que te observan. Todas las puertas cerradas y solo las lámparas amarillentas del pasillo encendidas.

¿A qué se lo atribuyes? ¿Al viento que en ese momento no soplaba para nada? Eso yo lo viví, estimado lector, y no estoy loco (cuando menos eso creo). Otra experiencia que un buen amigo me platicó. Él se encontraba como cabo de turno en el local de la Guardia en Prevención, faltaban quince minutos para las doce horas. Apenas se disponía a despertar al segundo turno de vigilantes que realizarían el relevo de los que se encontraban apostados en los diferentes puntos de vigilancia. De pronto, alguien le dice:

—Estoy presente, mi cabo, se hizo el relevo del puesto de la hacienda sin novedad.

El cabo, bastante molesto le dice:

—Estás loco, si apenas voy a despertar a los que les toca hacer el relevo.

El soldado contesta:

—Pues yo no sé, mi cabo, pero a mí ya me relevó el de sanidad. Le diré la verdad, aquí entre nos, como está lloviznando, estaba en el cuartito de la herramienta de los albañiles. Me cansé de estar parado y me senté en un bulto de cemento y la verdad, comencé a dormitar y de pronto alguien me dijo: "hey, que ya le caigas, pero que me dejes tu arma, se la deje, le di las consignas y me vine".

—¿Pero quién era? —preguntó el cabo.

—Pues no sé, no le vi la cara, estaba bien oscuro. Solo sé que era de Sanidad porque traía un maquinof largo (acepción de maquinof: prenda de abrigo de tela gruesa y de manga larga que cubre el cuerpo hasta medio muslo), por eso digo que es un elemento de sanidad.

Nota: en ese tiempo solo los elementos del servicio de sanidad usaban maquinofs largos. Todos lo usábamos corto, similar a una chamarra. El cabo ya bastante molesto le dijo:

—Ni mad...es, cab....n; yo no te mandé a nadie que te relevara, así que te me vas y pídele tu arma y esperas ahí tu relevo.

El soldado bastante nervioso le dice:

—No, mi Cabo, arrésteme o levánteme acta por insubordinación o desobediencia, prefiero irme a la prisión militar, pero yo no regreso a la hacienda, le juro que todo lo que le dije es cierto.

De pronto al escuchar tal alegata, el sargento segundo, comandante de la Guardia, se acercó y tras darle cada uno su versión, sonriendo, dijo:

—Está bien, te creemos, aquí quédate, y tú, cabo, mándame a tres de escolta, iré a ver.

El sargento se llevó al soldadito que conforme al rol de servicio debería relevar en ese horario al protagonista de nuestro relato (claro está, nunca le contaron nada al que relevaría), y tras arribar al mencionado cuartito de herramientas... ahí se encontraba el arma, recargada en el saco de cemento... sola. ¿Qué opinan queridos lectores? ¿Acaso sería una casualidad? Se los dejo de tarea y a su muy respetable criterio.

LV • DE "FAJINA" (FAENA) CON LOS ALBAÑILES

Sin duda alguna, todos los capítulos que les estoy narrando encierran esa partecita de "magia" que los hace merecedores de aparecer en esta colección de vivencias. Pero este que escribiré ahorita tiene un misticismo sobresaliente, pues me identifiqué mucho con estos compañeros en su momento.

Como ya sabemos, en el cuartel a diario se desarrollan las "fajinas, faenas o bien trabajos" para el aseo, para el mantenimiento, limpieza de vehículos, instalaciones, etc. Por las mañanas, después de que se hacían honores a la bandera, se pasaba lista, se hacía la limpieza de armamento y la instrucción de orden cerrado en todos sus niveles de unidad (desde pelotón, sección y escuadrón). Pues bien, al culminar estas actividades, por allá a las nueve de la mañana, se sacaba el personal para las diferentes fajinas. Cierto día, al nombrarse todos los trabajos a realizar, se acercó el cabo Herrera y me dijo:

—Hey, tú, flaco, vente conmigo.

—No sabía a donde, pero pues lo seguí, y me llevo hasta una bodega donde sacamos herramienta de albañilería en una carretilla y nos dirigimos hacia la cerca perimetral que dividía la unidad del campo de adiestramiento (atrás de la Hacienda de los "espantos").

El trabajo que ahí se estaba realizando era la barda de piedra. Ahí ya se encontraban reunidos tres cabos más, vestidos con sus ropas de trabajo. El cabo Samuel, el cabo Cedano y el cabo Palma. "Pa' pronto," me toco comenzar a acarrear piedra en la carretilla, de un montón que se encontraba como a setenta y cinco metros de ahí donde se trabajaría. Mientras, ellos colocaban sus marcas con hilo y comenzaban a hacer la mezcla con arena y cemento.

Posteriormente, comenzaron a pegar piedra, materializando en sí, la barda de piedra. Por allá por las once de la mañana, uno de ellos se separó de la cuadrilla y comenzó a encender una fogata, y a una señal todos dejaron de trabajar y se encaminaron hacia el punto indicado. El Cabo Herrera me dijo:

—Véngase, mi "menjas"; vamos a echarnos un taco y no ponga "paros" porque aquí todos comemos. Por la educación física no se preocupe, que aquí nadie acudimos, está autorizado.

A lo cual le respondí:

—Está bien, mi cabo, solo dejé ir a la cafetería a traer los refrescos.

Pero el cabo Herrera dijo:

—Déjese de pend...adas, aquí el cabo Cedano trajo una "sodototota" de tres litros, ya mañana usted la pone.

Todos, excepto yo, sacaron de sus mochilas diferentes trastecitos pequeños con guisado, salsa, queso, etc. Y juntaron toda la comida para hacer un tipo "barra libre o bufete". Otro llevaba tacos de frijoles con queso; en fin, todo un banquete sencillo, pero no por eso menos sabroso. Comenzamos a calentar tortillas en las brasas y a "taquear", mientras las pláticas rondana alrededor de los acontecimientos más sobresalientes de las últimas fechas. De pronto, una voz diciendo:

—Así los quería agarrar cab...nes.

Todos pusimos nuestro taco en turno en el mejor lugar que se nos ocurrió y adoptamos la posición de firmes. Se trataba ni más ni menos que del teniente coronel, segundo comandante del regimiento, quien al vernos, soltó una carcajada y dijo:

—No se asusten cab...nes, continuar con confianza; eso sí, invítenme un taquito no sean gachos.

Todos a un tiempo ofrecieron lo que habían llevado y el jefe, agarrando la piedra que más le gustó, se sentó en el círculo que teníamos materializado alrededor de la fogata y comenzó a degustar varios tacos. Una vez que ya dimos cuenta de toda la comida, el jefe dijo:

—Señores, fue todo un placer compartir tan sabrosa comida al estilo campirano con ustedes, los felicito y lleven a sus esposas mi felicitación por tan ricos manjares. Ahora pregunto; ¿me aceptarían mañana nuevamente a la misma hora, para no pasar al comedor en la mañana? —Todos a un tiempo afirmaron.

Nuevamente, el jefe, tomando la palabra, dijo:

—Está bien, entonces, sin excusa porque los arresto. Ten —me dijo a mí, extendiéndome un billete de alta denominación—. Serás el encargado de traer los refrescos toda la semana, yo los pongo. —El cabo Cedano quiso protestar y, de inmediato, el jefe le dijo—: Ya dije, ¿o quieres que te arreste? —Todos reímos.

Nuevamente, el jefe termino diciendo, mientras comenzaba a caminar para alejarse rumbo al cuartel:

—Compran las sodas y si por alguna cosa no puedo venir, no se preocupen, igualmente hagan de cuenta que aquí estoy con ustedes, mil gracias —y se alejó.

Con este cuadro, así como lo he narrado, me identifico mucho, porque cuando estuve en la vida civil y trabajé en el campo a mis escasos trece años, así se materializaba la hora del "lonche". Se hacía una fogata grande para calentar el lonche de hasta veinticinco personas. Algunos sentados alrededor de una fogata.

Y me creerán y algunos que lo han vivido me darán la razón, que no sabe igual un taco de simples frijolitos con queso que te comes en casa, que recalentados en las brasas de una fogata en el campo. Y si son de harina... "ni me los calienten".

Dentro del ejército, unas de las experiencias que más te marcan, son precisamente las que tienen que ver con la convivencia o hermandad, representada por una comida que, aunque sencilla, es un vínculo sagrado que hace que la magia quede para siempre y sea recordada hasta siempre.

LVI • EL MIRADOR

Realmente uno de los momentos que más se disfrutaba en el ejército era, sin lugar a dudas, la hora de Educación Física. Ahí le decías adiós a todos los momentos o sentimientos contradictorios del día, de tu día, que iban en contra de todo lo que te movía y que te hacía más grande, día con día el sentimiento de pertenencia.

Pues bien, llegado el "jueves social" de cada semana, a la hora de "la física", sacaban a las diferentes disciplinas deportivas, como era el fútbol, baloncesto, box, carrera, etc. A mí, aunque siempre me ha gustado el fútbol, solo soy "cascarero", y tampoco me apasionaba tanto el jugarlo, por ello me anotaba para ir a correr, pues ese día en especial tocaba subir el cerro "**El Gomeño**" que está a espaldas del cuartel.

Realmente ir a recorrer ese trayecto, era una gran satisfacción personal, pues corrías libre, no tenías que ir formado con los demás, esperando a los que se quedaban, o cantando porras. Lógicamente, iba un oficial al mando, pero daba la opción de que tomaras tu propio aire para correr y la meta era el mirador, que se encontraba en la parte más alta del cerro; lugar mismo, donde ondeaba una bandera nacional y un banderín azul con sus vivos dorados, emblema del regimiento.

En verdad a los que nos llamaba la atención correr, nos llenaba de júbilo ir a la cabeza, era como una idea vanidosa o un algo que nos llenaba de satisfacción. Durante el trayecto, era realmente un orgullo llegar entre los primeros y el olorcillo característico a vegetación hacía las delicias de los que lo realizábamos. Maxime si se trataba de tiempos de lluvias, el aroma se esparcía por toda la planicie. Era una aventura realmente maravillosa.

Una vez que ya llegaba el último hombre hasta la cima, a la orden del oficial, comenzaba el descenso hacia el cuartel. En virtud de que la pendiente en verdad era bastante elevada, el lodo y las pequeñas piedras sueltas hacía del trayecto una ruta bastante accidentada, por lo que algunas veces me tocó el llegar hasta el dormitorio con las "tepalcuanas" todas llenas de lodo, motivo de haber derrapado pendiente abajo con mis raquíticas y casi nulas "posaderas".

Todo un acontecimiento era llegar completos a integrarnos nuevamente al cuartel, pasar una ligera lista de presente por el oficial de cargo, romper la formación y correr el último "sprint" a la regadera, para estar en condiciones de acudir al comedor a "primer rancho"; inmediatamente quince minutos después de que rompiéramos la formación. El baño, y realizar nuestro aseo y presentación personal con nuestro uniforme completo, era de rigor.

LVII • MI ASCENSO EN JUEVES SOCIAL

Pues bien, en uno de tantos "jueves sociales" fue que llegó el tan ansiado ascenso a cabo, tras un año y ocho meses de haberme dado de alta y siendo ya hacía tiempo soldado de primera. Todo comenzó dos meses atrás, cuando encontré a mi comandante de escuadrón a mitad del patio principal del regimiento. Me llamo y corrí a presentarme con él y me dijo:

—Ibarra, necesito que me digas, ¿quién te trae "al pedo" o quién te arrestó?

La verdad, la pregunta me dejó perplejo, y respondí:

—Nadie, mi capitán Placencia.

Y sonriendo me dijo:

—Pues claro cab...n, cuando alguien cumple, es disciplinado y trata de hacer todo bien, nadie le dirá nada, ni se meterá con él; y claro, porque yo estoy pendiente de que nadie se meta con la gente de mi escuadrón. Y en vista de tu buen comportamiento, pulcritud, diligencia y buena disciplina, ya te recomendé para que te asciendan. Córrele, ve preséntate en la secretaria de la Comandancia, con el sargento Copala, dile que te aplique el examen para ascender a cabo, dile que yo te mandé.

Al acudir con mencionado sargento, solo se rio y me dijo:

—No se dé dónde salió eso del examen, pero bueno, si el capitán Plascencia te mandó, ya lo pasaste. Vete a tomar las fotografías con cinta de cabo y me las traes.

Días después me presenté con mis fotografías y mi antigüedad de cabo sería ni más ni menos que mi "gran amigo, el Bananas", entre otros. También le harían el trámite junto conmigo y claro, él era mucho más veterano que yo.

Pues bien, era una tradición que cuando ascendías, todos los compañeros de tu mismo grado, tras felicitarte, te "daban caballo", una antigua tradición que constaba de tumbarte, y en número de un mínimo cinco compañeros, te tomaban de cada una de tus extremidades superiores e inferiores, pero sin permitir que tu espalda tocara el suelo.

Quedabas suspendido en el aire y otro se colocaba acicates de preferencia de rodaja, de estrella para ser más explícito, te montaba, dando su espalda hacia tu cara, y se sujetaba de tus muslos o rodillas.

A la cuenta de tres, los que sujetaban tus manos y piernas, en un solo tiempo, prácticamente te aventaban hacia arriba, lógico, sin soltarte. El que te montaba, haciendo alarde de buen jinete, pasaba sus talones con los acicates por todas tus costillas o espalda, eran desde tres y en ocasiones hasta seis o siete aventones hacia arriba, por lo que quedabas "algo marcadito" de tu espalda.

Pues bien, ya se imaginarán el regocijo cuando en pleno "jueves social" y ya vestidos de deportes, me comunicaron de mi ascenso a cabo. Todos los que escucharon, corrieron, rompiendo la formación y procedieron a "darme caballo", solo que aquí no había botas y acicates.

La otra parte que me "sacó de onda" al día siguiente, fue cuando al levantarnos (los que éramos "ratas cuarteleras" y dormíamos ahí en el regimiento), tras observar que no había ningún cabo o sargento; completamente cohibido, no me atrevía a ordenar para que se hiciera el aseo.

¿Por qué? Les explico. Tiene mucho que ver con el provenir de una familia tradicionalista y conservadora que te enseña a respetar a tus mayores, no ser igualado, etc. Pues bien, ¡imagínenme a mí con mis escasos diecinueve años, con mi grado de cabo de Caballería y mi 1.60 metros de estatura, de complexión delgada y mi cara de niño, ordenándole a señores de 1.80 metros de estatura con sus casi diez años de antigüedad y sus treinta y cinco o cuarenta años de edad, pero que aún eran soldados rasos! De pronto, un soldado de las características antes mencionadas, se me acerco y me dijo:

—Con su permiso, mi cabo, me tomaré la atribución de organizar el aseo.

Solo respondí:

—Adelante y autorizado.

El soldado veterano en todos los sentidos, y en plena voz alta que retumbo en la "cuadra", dijo:

—Pongan atención, señores, aquí mi cabo me acaba de ordenar que organice el aseo, por lo que les pido por favor que donde les toque, hagan su mejor esfuerzo para que el sargento, cuando llegue, no le llame la atención a mi cabo. Y otra cosa, esto va a manera personal, de mi cosecha, como verán, aquí mi cabo se cohíbe para ordenarnos, pues apenas ayer ascendió y es muy joven, pero él no tiene la culpa que nosotros siendo tan viejos y con mucha más antigüedad, solo seamos soldados rasos. Así que, mi cabo —dijo dirigiéndose a mi—. Usted no se sienta mal al ordenarnos, es su obligación y no tema a que alguien le "brinque" o no le haga caso. Si eso sucede, al que se le insubordiné a usted y que todos escuchen, yo le partiré toda su mad...e. Así que, compañeros, a trabajar y ahí les encargo que no se pasen de lanza con mi cabo, porque se las verán conmigo.

Como se imaginarán, esto, aunque me dio vergüenza, me alentó también a cumplir lo que ya era mi obligación como cabo. A partir de ahí, hice a un lado la vergüenza y aplicando el respeto a mis mayores, también comencé a aplicar el Reglamento General de Deberes Miliares. Pero ese episodio de mi primer grado en la Escala Jerárquica del Escalafón Militar se me quedará muy bien grabado hasta los últimos días de mi vida que Dios me conceda.

LVIII • DE REGRESO AL INFIERNO

Al desmontar del Servicio de Guardia en Prevención, fui notificado de que saldría al día siguiente junto con mi Sección, a relevar al personal que se encontraba destacamentado, ni más ni menos que en el C.A.B.I. Sin embargo, ahora realmente me dio gusto el volver allá, donde fuera mi yunque donde me forjaron lo que ya era: un soldado veterano, recién ascendido a cabo de Caballería.

Mi situación en el centro ya sería otra, muy diferente y nada tenía que ver con el tiempo pasado. Efectivamente, al llegar al C.A.B.I., nada que ver con mi historia propia ahí. Ahora veía el correr para todos lados y a todas las actividades a los grupos de reclutas que pululaban desde los galerones, hasta el C.A.B.I.

Instalados en el local de la Guardia en Prevención, efectuamos el relevo de la unidad que, durante los dos meses anteriores, había desempeñado la seguridad del centro. Los oficiales y clases instructores, y ni aun el teniente coronel, director del centro, se metían para nada con nosotros. Dependíamos de nuestro comandante y nada más.

Sin embargo, en lo personal, cuando veía soldaditos tribulados o desesperados que no sabían ni qué hacer por alguna situación, me identificaba mucho con ellos y mi mente sin siquiera pensarlo o proponérmelo, retrocedía al pasado cuando era yo quien pasaba esas situaciones en carne propia.

Durante el corto tiempo que nos daban de permiso para salir a realizar compras, lo utilizábamos para ir a comer, ya sea con alguna de las jefas o en algún restaurante del centro de la pequeña ciudad en que se estaba convirtiendo Ameca, Jalisco. Sin duda alguna, ya a estas alturas hemos comentado de la gran suerte que nos brindaba el uniforme en relación con las mujeres, con solo el hecho de portarlo, aunque no fuésemos muy agraciados físicamente.

Este comentario sale a colación porque había ahí en el Centro de Adiestramiento, había un cabo de Artillería, digámosle "Mafafas", al que todos o la mayoría lo vacilaban y se reían de él por no ser precisamente un modelo de pasarela masculino. Pues bien, cierta noche en que me encontraba desempeñándome como vigilante de la puerta del galerón, como a eso de la una y media, de pronto escuché un llanto de mujer por la calle y, tras asomarme, pude constatar que se trataba de una muchacha de aproximadamente veinte años, la cual vestía muy "ligerita" de ropas y al acercarse ella hasta mi puesto, dijo venir buscando al cabo de Artillería "Mafafas". Ahí fue donde me di cuenta de que aquella hermosa muchacha venía en estado de ebriedad.

Pero realmente es necesario que resaltemos que era una verdadera hermosura de muchacha, y te quedas pensando, cómo es posible que anden en ese tipo de vida, pues a leguas se distinguía a lo que se dedicaba. Sin embargo, no fue necesario por mi parte acudir a buscar al mencionado cabo, pues ella, quien dijo llamarse Katya, sacó su celular y lo llamó, diciéndole que estaba ahí afuera del galerón.

Momentos después, salió el cabo y se fueron abrazados. Créanme que en ningún momento cuento esto en forma de mofa o de burla hacia las mujeres que, con todos mis respetos, se dedican a la "vida fácil". Ellas solo han sido víctimas del mundo en el cual vivimos y donde todos tenemos algo que ver. Víctimas del sistema, de ideologías, en ocasiones retrógradas o torcidas, de falta de oportunidades, de abuso de poder, haciendo presa fácil a la gente que menos sabe y menos tiene.

Así como de la desgracia que cuando llega y si no estamos preparados y tampoco tenemos algún amigo que nos aconseje o nos ayude, nos arrastra para después tirarnos en forma de piltrafa humana. Es el caso de quedar huérfanos, las madres quedan solteras, sin trabajo ni oportunidades, mujeres que han sido violentadas o que han sufrido vejaciones, víctimas de secuestro, víctimas de enfermedades, etc.

Y para que más entiendan, les diré que alguna gente relaciona mucho a este tipo de mujeres con el soldado, puesto que en ocasiones que el soldado "Ryan" tenía broncas con su novia, su esposa o incluso, algún problema laboral con algún superior, y no había remedio ni nada mejor que tomar una cerveza y aquí lo curioso del caso: eran ellas quienes te escuchaban con atención y te desahogabas con ellas.

A su vez, ellas te contaban los motivos por los cuales estaban ahí, por lo regular eran siempre los mismos: abandonadas por los maridos, infidelidades de los novios o maridos, salieron embarazadas y no les quisieron reconocer al bebé, o que sus padres las corrieron, en los casos menores. Los peores eran que no tenían a nadie en el mundo. Y lo más fácil, la puerta más prometedora para ellas era precisamente eso: la vida fácil.

Pues bien, estando ahí en el Destacamento de Seguridad del Infierno, había de todo y cierto día, lunes, por cierto, me tocó "pasar aceite", pues a la hora de la lista de Diana, fui nombrado para subir hasta la cúpula del edificio a izar la bandera. El caso que ya casi estaba próximo el toque de presentar armas para que se cantara el glorioso himno nacional y que yo hiciera mi parte.

Mi sorpresa fue mayúscula cuando al llegar al nicho, no se encontraba la bandera en su lugar y los encargados de las oficinas aseguraron que el sábado anterior no fue introducida por parte del personal que componíamos el Destacamento de Seguridad.

Por fortuna, se me vino a la mente el subir bien "Chicoteado" hasta la Cúpula y pude ver en una de las alas del techo de lo que era el comedor, que ahí estaba la bandera, tirada en un charco de agua, pues la misma bandera había servido de tapón al tubo del desagüe.

Así que corrí despavorido, la recogí y volví a bajar con ella, la enjuague en el baño, la sacudí y corriendo subí las escaleras cuando ya se escuchaba el toque de presentar. Al comenzar a cantarse el himno nacional, la bandera fue izada en forma normal y a tiempo, con la salvedad de que estaba completamente mojada (detalle del cual nadie se percató, pues de lo contrario, me hubiese tocado correctivo disciplinario, aunque en realidad la responsabilidad no era enteramente mía.

LIX • SALVADOS POR UN "PELITO"

Los dos meses se fueron volando y sin querer o mejor dicho, sin poner atención al paso del tiempo, ahí estaba ya nuestro relevo, para lo cual se siguieron las formalidades correspondientes. Los comandantes entregaron la documentación y las consignas, recorrieron puesto por puesto de vigilancia, así como prácticamente todo el centro. Todo era alegría y más aún al tiempo de montar en los vehículos.

El oficial comandante llevaba consigo su vehículo particular, por lo que haciéndose acompañar de un soldado, se colocó a la cola del convoy y ahí se fue durante el trayecto hacia el regimiento. Todo era alegría y felicidad, platicas risas, etc.

Estábamos llegando al entronque que forma el crucero que tiene la carretera 540 que viene de Sayula con la que viene de Tlajomulco de Zúñiga, y que va hacia el lado del Lago de Chapala; era un alto, o no recuerdo bien si había semáforo, el caso que nuestro conductor del V.A.M. (Vehículo de Aplicación Múltiple), aceleró para alcanzar a pasar atrás de los otros carros del convoy, con tan mala suerte que antes del crucero, había un tope y al percatarse de ese detalle, el conductor optó mejor por frenarse y parar en seco.

Sin embargo, la maniobra no dio frutos y el carro derrapó con sus ruedas, se apagó y quedo justo en medio de la carretera. Al momento, se escuchó el fuerte sonido del claxon de un tractocamión que venía bajando del lado de Tlajomulco.

Todo paso muy rápido: el chirriar de las llantas del tractocamión, el grito de la gente que se encontraba haciendo su alto y ver como mi comandante de destacamento que venía atrás de nosotros en su carro, se agachaba apoyado en el volante de su auto, con el rostro completamente blanco para no ver el impacto; fue al mismo tiempo.

Después, por un momento, solo hubo silencio, mucho humo con un fétido aroma a llanta quemada y tras de mí un calor con mucho vapor sofocante en exceso. Al girar mi cabeza para ver el panorama y de donde provenía mencionado calor: ¡Dios mío, a escasos treinta cinco centímetros aproximadamente de la redila del carro, donde se apoyaba mi espalda, estaba ahí, la trompa grandísima y caliente del tractocamión, vaporizando como si se fuese a incendiar!

Debido al humo de todas las ruedas al "amarrarse", apenas perceptible tras el parabrisas del tráiler, el chofer, prácticamente abrazado intentando estrangular al volante, con los ojos cerrados y completamente blanco, permanecía inmóvil.

No creía que apenas unos segundos antes estuvo a punto de ser protagonista, y hay que reconocer que, sin culpa; de un terrible accidente donde pudieron haber muerto diez elementos de tropa. Y que ahora por solo treinta y cinco centímetros, todos y la mano del Dios Padre, todos estábamos a salvo.

De pronto, sin medir la magnitud de las consecuencias que estuvimos a punto de protagonizar, todos soltamos estruendosas carcajadas, burlándonos de los compañeros que vieron de frente al tractocamión cuando venía aproximándose, pues ellos si vieron desde antes todo lo que sucedería o estuvo a punto de suceder.

Para esto, el conductor de nuestro vehículo consiguió encender el motor, por lo que continuamos entre risas de nosotros y miradas de incredulidad de las personas que presenciaron el suceso. Tal vez se quedaron pensando cómo era posible que después de estar a punto de convertirnos en unas masas de carne inertes y sin vida, estuviésemos riéndonos de la situación, ¿acaso estábamos locos? ¿Qué fue esto? Tal vez la predisposición que ya tiene uno en el "chip", de que en cualquier momento puedes perder la vida.

Lo bueno que gracias a que Dios nos consideró indignos de acudir a él en ese momento, ese día seguimos adelante. Sí, adelante con nuestro trabajo, con nuestra misión y a seguir cargando cada quien con su cruz, solo Dios sabría hasta cuándo.

LX • NUEVAMENTE, A LA MARTE

Nuevamente aquí lo digo: para ser militar siempre es necesario el tener un espíritu de aventura extremadamente muy vivo. Siempre se está ávido de más aventuras, de salir a lugares diferentes de conocer otras costumbres, gente, etc. Una vez que va desgranándose las hojas del calendario o almanaque y no pasa nada, anda uno muy nervioso y con ganas de movimiento. Esto es lo que ya estaba aconteciendo en mí, pues en realidad ya llevaba buen tiempo sin salir de plaza.

Así, poco tiempo después, entre fajinas, academias, el subir y bajar de las bases, etc., el tiempo que nunca se detiene fue pasando y, cierto día, se nos reúne y se nos comunica que estaremos de regreso nuevamente a lo que sería una Fuerza de Tarea Marte, en la cual tendría parte nuestro glorioso regimiento.

La verdad esa noticia nos calló de "perlas", pues aunque operábamos en nuestro sector de responsabilidad, no era nada comparado con acudir nuevamente al "Triángulo Dorado" formado por los estados de Sinaloa, Chihuahua y Durango. De inmediato comenzaron los preparativos, mismos que ya conocíamos y sabíamos lo que en forma personal nos tocaba conseguir. Todo el personal que en ese tiempo se encontraba operando fuera de plaza, fue relevado y concentrado al cuartel.

Como en todo trabajo, los "elementos" que por sus razones personales no querían ir a la Marte, "bajo el agua" movían sus "piezas" para conseguir su objetivo y se les colocara con el personal que no asistiría a mencionada operación. Para ese entonces, yo ya tenía a quien fuera mi esposa y la madre de mis cuatro hijos, y dos de ellos ya habían nacido.

Por eso, la parte de la separación de ellos me pesaba, pero también estaba en la balanza mi "debilidad", gusto, satisfacción, vocación, etc., de ser militar. Y pues ese "modus operandi" era la forma de llevar el sustento hacia sus bocas. Me sentía seguro porque sabía que el estar dentro del "Sindicato del Rifle", hace que tu familia no lo pase tan mal, cuando menos en la forma de vivir, comer y vestir.

Realmente, no quiero saber de qué país se trate, pero si estoy plenamente convencido que no hay ni habrá mejor patrón que el gobierno. Y en ese entonces, afortunadamente de ese lado y para ese equipo "bateaba".

Pues bien, todos los preparativos comenzaron a gestarse nuevamente y pues, como ya lo mencioné anteriormente, nos fue más sencilla la preparación que la primera vez. Éramos veteranos en ese sentido. Aquí la parte que más nos tenía inquietos es que por "órdenes superiores", se nos había quitado la facultad de operar de acuerdo con nuestras características de Caballería Motorizada: teníamos que irnos sin nuestros vehículos orgánicos; el viaje lo haríamos en Ferrocarril.

Como quiera y como cosa nueva, una de las características que se debe de tener para ser militar es un "espíritu aventurero", desarrollado casi a un ciento por ciento. Por eso, en lo personal, la idea no me disgusto del todo, sería algo nuevo, algo que nunca había yo vivido. Solo en las películas había visto todo un regimiento completo, montado en unos vagones de ferrocarril para trasladarse de un lugar a otro.

Muy llamativo, ¿no creen? Claro, lo digo por mí, querido lector, en virtud de que nunca había viajado en ferrocarril y la verdad nunca, repito, fuera de las escenas de las películas, me imaginaba en la realidad un ferrocarril con todo un regimiento de Caballería viajando en él.

El día tan esperado llegó y fuimos subidos a los vagones; previo a esto, recogimos nuestra "ración seca", nuestras cuatro tortas, de jamón, huevo y frijoles, dos naranjas y tres "Pau Pau". Y ahora sí, ya bien "equipados", procedimos a ocupar nuestro lugar en aquel tren que nos alejaba de nuestras familias, pero nos acercaba a nuestro trabajo en otra zona distinta a la nuestra.

El viaje se prolongó todo ese día, la noche y medio día del siguiente, hasta que llegamos a la ciudad de Mazatlán, Sinaloa; ahí abandonamos ese incómodo ferrocarril. Se nos trasladó al campo militar local y ahí comenzó nuestro curso de ambientación. Cabe destacar que, a diferencia de la otra Marte a la que habíamos acudido con anterioridad, esta estancia era un poco más cómoda en su primera etapa de ambientación o adaptación, alojándonos en dormitorios normales con todos los servicios. Y claro, con las respectivas academias como en nuestra primera vez.

"La pista del combatiente" se encontraba ahí mismo en el campo, sin necesidad de tener que trasladarnos fuera de él. En lo personal, solo había conocido el mar en fotografías y películas. Imagínese, amigo y amiga, lector y lectura, a mis casi veintiún años de edad y no conocía el mar, tan inmenso como hermoso.

La verdad es que proviniendo de una familia tan de escasos recursos, se nace en medio de los cerros, se crece ahí y al morir, se despide uno del mundo, viendo por la ventana los mismos cerros que te vieron nacer. Por lo que pueden pasar los años y no hay esperanza de llegar a salir del pueblo y conocer esta parte tan maravillosa de nuestro mundo que es el mar.

Pues bien, cierto día que nos encontrábamos en Educación Física, a los dos escuadrones se les autorizó a correr en plena vía pública y nuestros comandantes enfilaron hacia la costera. El caso es que cuando quisieron detenernos nuestros capitanes y oficiales subalternos, todo el personal que nos encontrábamos corriendo tras ellos, ya nos habíamos volado la pequeña barda de piedra y nos encontrábamos en el agua de la playa.

Los oficiales, primeramente molestos, cambiaron después su semblante y se nos unieron en el agua. ¿Cómo iban a ser contenidos doscientos ochenta elementos briosos cual "pencos cerreros", por solo dieciocho hombres con grado de oficial? Imposible.

Las fotografías se sucedían una tras otra y plasmaban la alegría que nos dio ese día. Todo "por el placer de ser", como reza esa famosa marca de brandi mexicano. Tras retozar un rato en el agua y tomar "la del recuerdo", nuevamente nos organizamos y regresamos a nuestra "jaula de oro".

Por fin, a los doce días de permanecer ahí en ese bello campo militar, fuimos desplegados a nuestras respectivas bases de operaciones, aunque en una forma poco ortodoxa se llevó a cabo el despliegue (fuimos llevados a "tirar" a nuestras respectivas coordenadas para comenzar a operar en ¡camiones de volteo o dompes! Como los conozcan, pertenecientes unos al municipio de Mazatlán y otros rotulados de algunas empresas constructoras. Pero pues bueno, "el fin justifico los medios". Por fin ya estábamos en "terreno".

LXI • TENTACION SUPERADA

Solo llevábamos aproximadamente ocho días cuando al establecer la base de operaciones móvil, a lado de un pequeño arroyo y cerca de un pequeño poblado, se me designó al mando de mi escuadra para ir a recoger las tortillas para el desayuno al pobladito (previamente se había hecho una petición con una familia lugareña para que se nos elaboraran las tortillas y por una paga acorde al servicio).

Pues bien, salí al camino y comenzamos a desplazarnos hacia el pueblo; una camioneta se vio a lo lejos, frente a nosotros, venía del pueblo en nuestra dirección. Cuando estuvo a la par de nosotros, se detuvo y tal vez porque se percató de la cinta que traía en mis sobre hombreras, supo que yo comandaba a esos cuatro "pollitos". Era un joven de aproximadamente veinticuatro años de edad, viajaba solo en una camioneta tipo pickup de la marca Ford, completamente nueva y con los vidrios laterales y el de atrás de la cabina polarizados. Dirigiéndose a mí, dijo:

—Hey compa, ¿puedo preguntarte algo?

Tras hacer un ademán a mis compañeros para que estuvieran preparados para cualquier contingencia, le dije:

—Claro que sí, dime.

Me hizo la seña de que me acercara, a lo que le indique que pusiera sus manos sobre el volante. Sonriendo, acató mi orden. Me acerqué y me dijo:

—¿Cómo ves mi camioneta, apoco no te gusta?

—Es bonita —respondí.

—¿No te gustaría tener una?

—Tal vez —respondí.

—Bueno, escucha. Ahí como a quinientos metros, arroyo debajo de donde tienen su campamento, hay tres plantíos no muy grandes de marihuana, ya están casi para cosechar, solo déjalos cuatro días más. Si en ese lapso de tiempo —prosiguió—, no se han cosechado, entonces sí, échales fuego. Si tú me dices que sí, me dan sus datos ustedes cinco o los de algún familiar y hoy a las seis de la tarde, hablen por teléfono a sus casas y ya tendrán una camioneta como esta, de agencia en sus casas, a sus nombres con todo y papeles. ¿Qué me dices?

Aquí en esta parte, creo conveniente hacer hincapié y resaltar el hecho de que, en el adiestramiento, ya se me había advertido de esta situación, y también se me dijo que, de acuerdo con mis convicciones, iba yo a actuar en su momento. Y créanme que sí, al momento de estar escribiendo las presentes memorias, todavía soy un humilde empleado universitario. No se necesita rebuscarle mucho para darse cuenta de que nunca caí en la tentación del dinero, prefería una vida tranquila y con mi nombre limpio, sin que nadie tuviera la autoridad moral de señalarme como un corrupto o vendido.

Volviendo a mi relato; por un momento hice como si lo estuviera pensando y volteé a mirar a mis compañeros, y en algunos rostros pude ver la expectativa y el deseo de que yo aceptara. A continuación, le respondí:

—Mira, compadre, permíteme comentarlo con mi mero comandante de base y hoy en la tarde te resuelvo. ¿Cómo ves?

—Ah okey, creí que tú eras el "efectivo".

—No, respondí, es otra persona de mucho mayor grado.

—Está bien —respondió—, entonces habla con él y en la tarde te espero con su respuesta en la tienda más grande del pueblo, yo pago lo que se tomen. Serán mis invitados.

Dicho esto último, encendió el motor de su camioneta y comenzó a avanzar lentamente, hasta perderse en la lejanía. Al regresar a la base, y entregar las tortillas al cocinero, de inmediato me llevé a mis cuatro "pollitos" y tras devorar la distancia, arroyo abajo, encontramos los plantíos y les dije a mis compañeros:

—Vamos a mandarle la respuesta a este jovenazo.

Procediendo luego a arrancar toda la marihuana de los tres plantíos y en cuarenta minutos aproximadamente, una gran columna de humo negro se elevaba hacia un cielo completamente azul, con un sol esplendoroso. Tras culminar con la tarea, regresamos a desayunar y hasta ahí fue que le informe al comandante de los acontecimientos ocurridos por la mañana que se me envió a las tortillas.

Como se podrán dar cuenta, es relativamente fácil el tentar con dinero o bienes a alguien que nunca ha tenido mucho, o tal vez nada, y que siempre haya carecido de casi todo. En lo personal, ni remotamente tenía idea de cuándo me vería conduciendo, no una Ford lobo, sino un simple vehículo compacto, austero, pero que fuera de mi propiedad.

Afortunadamente, los valores, los principios inculcados en mi casa, en mi familia y después en el adiestramiento; y por qué no decirlo, hasta los leñazos recibidos en el Infierno, aquí hicieron su parte, para con toda la frente en alto aplicar un "no" contundente y muy a tiempo, antes de enlodar, primero a mí y a mi uniforme, a mi unidad y después a todo el Ejército mexicano.

LXII • LAS SANDÍAS

En cierta ocasión que nos tocó salir de recorrido; el comandante de la sección había decidido que nos separásemos por pelotones para abarcar mayor terreno durante el reconocimiento de área. Pues bien, nos tocó subir a una pequeña elevación, y lo hicimos solo para observar desde las alturas y poder ubicar si es que había plantíos de marihuana o amapola cercanos, para efecto de destruirlos.

Resulta ser, que, en la cima del cerrito, se hacía como un vallecito o terraplén y justamente ahí estaba un hermoso plantío de dimensiones no muy grandes, más bien era de tamaño regular y las plantas tenían una altura de aproximadamente 1.70 metros.

Al momento de peinarlo para verificar que no hubiera dentro algún transgresor, nos percatamos de que, en medio de los surcos, había muchas sandías y pepinos sembrados con mucha fruta en su mero punto para comerse.

Por un momento, dudamos en comerlas, pues teníamos el recelo de que estarían envenenadas, pero al terminar de cortar la marihuana y con el esfuerzo realizado y gran calor que había en pleno medio día, fuimos tentados y terminamos como Adán (no desnudos, mi distinguido lector, no piense mal), comiendo la fruta prohibida que ahí se encontraba sembrada, junto con el enervante.

Aquí lo que nos sorprendió mucho eran las grandes dimensiones de las frutas, pues en cuanto a las sandías, la más grande que encontramos media noventa centímetros de longitud y con un diámetro de treinta y cinco centímetros, aproximadamente. Los pepinos, aunque no eran su longitud completamente de forma recta, tenían longitudes de hasta cuarenta centímetros y longitud y diámetros de casi diez centímetros.

Como se darán cuenta eran casi inverosímiles las medidas de las frutas que ahí encontramos mezcladas con la marihuana. Pero que al final del trabajo de destrucción e incineración del plantío, nos hizo materializar "la hora del amigo" (convivencia por medio de alguna botana o bocadillo).

Una vez que tocó el regreso a la base, le di la indicación al soldado "Nixticuil" que se cargara una de las sandías más grandes (especificándole cual pieza se llevaría), para trasladarla hasta la base e invitarle al personal que se había quedado de descanso y al cuidado del equipo nuestro. La indicación fue que cada media hora se relevaran, los cuatro de mi escuadra la mencionada fruta, para que no se cansaran.

Ya casi llegando al campamento, me volví a ver quién cargaba en esos momentos la sandía y me sorprendí al ver que nadie llevaba nada, y el "Nixticuil" muy despreocupadamente, caminaba con su arma a "la granadera" y con una resortera en sus manos y su gorra con la típica visera para atrás, muy a su estilo y completamente despreocupado. Cuando lo llamé y pregunté por la sandía respondió:

—No, Benjamín (me tuteaba porque siendo soldados los dos y casi contemporáneos, ya habíamos coincidido en un mismo pelotón, por eso la confianza que nos teníamos), estaba rete pesada y en el primer voladero que vi, ahí le di vuelo, cayó hasta el fondo y se hizo pedazos en una piedrota —dijo de forma burlesca.

—Está bien, "Nixticuil", ahorita llegando al campamento, comes, te armas y te colocas de servicio de vigilante afuera del "vivac" hasta las doce de la noche.

Muy sonriente, como no creyendo lo que había escuchado me dijo:

—¿Y solo por una pinc...e sandia me vas a castigar, Benjamín?

—No es la sandía "Nixticuil", es la acción y créeme que te correspondía acta, pues es desobediencia, pues no se cumplió la orden.

—¿Pero solo por una sandía, Benjamín? —volvió a preguntar.

A lo que le reiteré nuevamente:

—Sí, solo por una sandia. Recuerda "Nixticuil" que "el cumplimiento del deber no está reñido con la camaradería, seamos amigos sin dejar de ser soldados".

El "Nixticuil", ya completamente resignado, solamente atinó a asentir con la cabeza y haciendo el saludo correspondiente, se retiró a tomar sus alimentos. Poco después, y tras informar al comandante del Pelotón lo acontecido, el "Nixticuil" se encontraba en el lugar indicado, desempeñándose como vigilante, mientras el resto del pelotón se bañaba alegremente en el arroyo.

A pesar de que la orden inicial había sido que dicho personaje estaría hasta las doce de la noche, me ganó el sentimentalismo de tanto tiempo conviviendo juntos y a las nueve le mandé a hablar, y le ordené se desarmara y procediera a bañarse para que se dedicara al descanso. La lección había sido aplicada, y creo también asimilada por mi compañero, amigo y subordinado.

B. IBARRA R.

LXIII • CORALILLO

Cierto día, nos tocó incorporarnos al campamento a las seis; había sido un día bastante cansado, tomamos nuestros alimentos y cuando nos disponíamos a tomar un baño en el río semiseco que teníamos al pie del campamento, se nos ordenó preparar el equipo, pues saldríamos a esperar a nuestro comandante de regimiento, que ya iba en camino hacia nuestra ubicación, pero había que salir hacia el camino a encontrarlo.

Durante el trayecto de aproximadamente una hora, se nos terminó de anochecer. Cada elemento del pelotón teníamos en estos casos que encargarnos de una parte de material para la materialización del vivac. A donde quiera que fuéramos, uno se encargaba del plástico de arriba, otro elemento se encargaba del otro plástico que nos servía de sobrecama, otro las alcayatas, etc. Ya sobre la marcha, se me ocurrió preguntarle al "Nixticuil":

—Oye, carnalito, creo que si hayas trajiste las amarras del vivac, ¿verdad?

A lo cual, plenamente sorprendido por la pregunta respondió:

Chin, se me olvidaron, Benjamín, pero no te preocupes, aunque sea con mis agujetas y algo más que consiga, pero el vivac se arma porque se arma, de eso me encargo yo.

—¡Eso chin...ao, esa es la actitud, Nixticuil!

—¡Mira! —dijo mientras se agachaba a recoger lo que en la oscuridad parecía un hilo que estaba en el suelo terregoso del camino.

—¡Espérate, espérate cab...ón! —dije mientras le aventaba el lamparazo directo el haz de luz hacia aquel objeto.

Todo a tiempo, pues el dichoso hilo no era ni más ni menos que una serpiente coralillo de aproximadamente cincuenta centímetros de longitud, la cual tal vez temerosa por el paso del personal que ya iba delante de nosotros, había permanecido inmóvil, pero al tiempo que el haz de luz de la lampara cayó sobre ella, comenzó a desplazarse a gran velocidad para meterse en una hendidura de una gran roca.

Realmente, creo que fue una acción dirigida por la mano de Dios, o tal vez aún no quería a mi gran camarada el "Nixticuil" allá en la tierra prometida. A una distancia de aproximadamente cincuenta metros del lugar donde encontramos el coralillo, el río atravesaba el camino, formando un hermoso vado y fue ahí donde se designó para pasar la noche, pues el coronel, al final de cuentas, se quedó a pernoctar en otro campamento.

Debido al clima caluroso que imperaba, decidimos no hacer vivac, por lo que esa noche nos tocó dormir mirando las estrellas. La noche transcurrió normal, sin sobresaltos, nuevo día ya, feliz domingo. Dios padre y nuestra Guadalupita, nos daban la virtud de un nuevo día.

LXIV • BAJANDO AL BOLUDO

Serían aproximadamente las siete y media de la mañana de ese domingo, cuando ya habíamos desayunado y realizado nuestro aseo personal, por si acaso nuestro coronel se desplazaba en su ruta de supervisión hacia nosotros.

De repente, a lo lejos se escuchó el ruido de un helicóptero, para lo cual el comandante ordenó que se le echara mucha hojarasca verde a lo que quedaba de la fogata donde se confeccionó el desayuno, para generar demasiado humo y el "boludo" se orientara hacia nosotros.

A los cinco minutos ahí estaba, un Bell 212 de la Fuerza Aérea Mexicana, en el cual se subió mi comandante de sección, mismo que al encontrarse ya sobre el "aparato", llamó a mi sargento Pericles, comandante de pelotón, invitándolo a que le acompañara en el vuelo de reconocimiento para la ubicación de los plantíos de marihuana y amapola a destruir para ese día.

El helicóptero se elevó y se alejó hacia lo más escabroso e inhóspito del terreno. Mínimo demorarían una hora, tal vez más en regresar. Distraído en mis cavilaciones, de repente escuché a la par de mis compañeros, el ruido más potente y diferente del anterior "boludo", el cual se aproximaba de oriente a poniente. Sin embargo, al observar y escuchar con más atención, pudimos percatarnos que se trataba de tres helicópteros, uno a la cabeza y los otros dos como escolta de seguridad.

Por lo temprano de la hora, hubo un momento en que solo la imagen oscura de los helicópteros se dejaba ver, teniendo como fondo, ni más ni menos que el mismísimo astro rey. Una imagen de película o digna de una perfecta fotografía.

De repente, me carburé y extrayendo mi espejo de la bolsa de mi guerrera, comencé a hacerle señales a la caravana de "boludos", siendo imitado por algunos de mis compañeros y ordené que se hiciera humo con la fogata. Se trataba de tres helicópteros Sikorsky CH-53E de la Fuerza Aérea Mexicana que comenzaron perfilando su descenso hacia nosotros.

Rápidamente, repartí al resto del pelotón para el dispositivo de seguridad a los helicópteros y funcionarios que en él venían. Todos mis compañeros corrieron a adoptar el dispositivo, mientras yo a mi vez hacía lo propio. De pronto, recuerdo que mis comandantes estaban fuera y por grado y antigüedad, me tocaba dar las novedades a quien viniera.

Salí corriendo de inmediato, sin importarme que tuve que cruzar una parte del vado del río y mojarme mi calzado y parte de mi pantalón. Llegando ante el grupo de generales, aproximadamente seis, dirigiéndome a un coronel que ostentaba el menor grado en sus insignias, siguiendo el protocolo para esas ocasiones, solicitar autorización para presentarme y dar novedades.

Y tras solo decir: "autorizado", me señaló e hizo me dirigiera hacia el general de más alta jerarquía, mismo que en sus insignias ostentaba un águila y cuatro estrellas, procediendo a dar el parte verbal de novedades, con "pelos y señales" de mis comandantes que se encontraban de reconocimiento. Y así fue, estaba yo ni más ni menos que dando novedades al mismísimo **secretario de la defensa nacional**, acompañado por el oficial mayor, jefe de Estado Mayor, inspector, contralor y el jefe operativo de la secretaria de la Defensa Nacional. El secretario de la Defensa, una vez que escuchó las novedades dijo a sus acompañantes:

—Sí se fijaron, ¿verdad?, que aquí el cabo dio mejor las novedades que muchos que inclusive son oficiales o jefes, todo un parte completo y sin titubeos.

A lo que los demás generales asintieron de manera complacida. El general secretario me felicitó y resaltó mi parte de novedades, preguntando sorprendido que, si acaso estaba yo solo, a lo que le informe que no, que mi pelotón estaba ahí conmigo.

—No veo a nadie —comento.

—Es porque se encuentran aplicando el dispositivo de seguridad para ustedes, le informé.

—Muy bien. A ver, reúnelos, deseo platicar con ustedes.

De inmediato, hice el ademán de reunión al paso veloz (sabía y no me equivoque que todos estarían curioseando, tratando de ver quién era el que se encontraba de visita). Efectivamente, y ante el beneplácito y asombro del secretario de la defensa y sus acompañantes, salieron de la nada, de los 360º a paso veloz, todos mis compañeros de pelotón hasta reunirse con nosotros. Los formé y el general tomó la palabra. Comenzó diciendo:

—Jóvenes, me felicito y los felicito porque los encontré trabajando en campaña, o como decimos, "en terreno". Realmente no esperaba menos del personal que integra una unidad que siempre ha entregado los mejores números operativos, y que tiene una amplia trayectoria de buenos resultados día con día. Reciban un cordial saludo que les cambia por mi conducto su comandante de zona y región militar, ayer estuvimos con él ahí en Guadalajara.

Y así, entre flores y felicitaciones el discurso siguió transcurriendo, hasta que de nueva cuenta el ruido de un Bell 212 se escuchó, trayendo de regreso a mis comandantes de sección y pelotón, el primero descendiendo del helicóptero, incluso desde antes que el tren de aterrizaje hiciera contacto con el suelo, corriendo a presentarse y dar las novedades que le correspondían.

Tras una charla de los generales con mi teniente Sanjuano, se despidieron, abordando sus helicópteros y se marcharon, dejándome en lo personal la satisfacción por haber hecho bien las cosas y dar las novedades a alguien que, en una vida normal o rutinaria, aunque tengas veinte o treinta años de servicio, nunca tienes la oportunidad, de ver o cruzar palabra directa con él. Mucho menos siendo un simple cabo de Caballería, como lo era yo en aquel entonces.

LXV • LA "DISEPELA" Y LOS SAPOS

Cierto día mientras nos encontrábamos "terreneando", tocó cruzar un gran pastizal silvestre en una planicie entre lo agreste de la sierra. El caso que, al ir en pleno desplazamiento, sentí como si una pequeña punta se clavara, traspasando el pantalón, a la altura del muslo. Lo malo fue que, al arribar al campamento, la comezón era insoportable, y al descubrirme la parte afectada, pude darme cuenta de que estaba completamente roja e hinchada.

Tras llamar al elemento del Servicio de Sanidad, solo me dijo que se trataba de una "alergia", para lo cual me dio pasta lasar para ponerme y recomendó que mantuviera ventilada la parte, por lo que se me autorizó ponerme short.

Al día siguiente, la afectación no había mejorada nada y el comandante decidió que me quedara en el campamento para seguir con la aplicación de la pomada y la ventilación de la pierna. Por la tarde, un compañero de apellido Acua, se acercó y me dijo, tras observar mi parte afectada:

Mi cabo, eso que usted tiene es "Disípela" (aunque lo he buscado e investigado, solo encontré la ERISIPELA; es una enfermedad infecciosa y contagiosa que afecta a la piel y al tejido subcutáneo), y mañana yo se lo voy a curar.

—¿Por qué no hoy? —pregunté.

—Porque necesito conseguir hoy en la noche la medicina.

Sin preguntar más, solo atiné a responder:

—Está bien, Acua, y gracias por mostrar interés en lo que me pasa.

Sin decir nada, se alejó rumbo a su vivac. A la mañana siguiente, a mi pelotón le tocaba descansar, por lo que seguí con short, despreocupadamente. El día pasó rápidamente y, por la tarde, los dos pelotones que habían salido a operar estaban de regreso. Serían tal vez las seis de la tarde cuando se acercó el Soldado Acua, llevando consigo una cubeta de diecinueve litros, cubierta con un plástico y dijo:

—Presente, mi cabo, véngase, vamos a curar ese mal.

Me acerqué y me senté a indicación de él en un tronco que hacía las veces de banca, ahí en el campamento. Metió la mano a la cubeta y sonriendo saco ni más ni menos que ¡un sapo!, un enorme sapo, el cual tal vez pesaría como un kilo o más y dijo:

—Usted confié en mí, cabo, yo sé lo que hago, este animalito nos ayudará.

De inmediato, procedió a tomar al sapo con una de sus manos de las extremidades delanteras del animalito y con la otra mano de las extremidades traseras, procediéndome a frotar mi muslo con la barriguita del sapo. Era una sensación de alivio, pues recuerden que tenía demasiada comezón. Poco rato después, la pancita blanca del sapo se iba tornando roja y el soldado depositó al sapo sobre el piso y este quedó inmóvil.

—Acua, ¿está muerto el sapo? —pregunté.

No, mi cabo, lo que pasa que como está absorbiendo el mal, está cansado. —Lo metió a su bote y extrajo otro, quizá más grande que el anterior y procedió a frotarme. Conforme lo iba haciendo, la pancita del sapo antes blanca iba adquiriendo un tono rojizo, nuevamente realizó el relevo con el primer sapo que ya estaba reanimado. Así estuvimos, por alrededor de cuarenta minutos y lo sorprendente es que mi muslo, poco a poco, estaba volviendo al color natural de la piel, mientras que los pobres animalitos quedaban con sus barriguitas completamente rojas.

Créanme que, si no hubiera sido el protagonista de ese capítulo y me lo hubieran platicado, tal vez no lo hubiese creído. Al terminar, aquel soldado de buen corazón soltó los animalitos, los cuales, al reanimarse, comenzaron a alejarse con pequeños saltos rumbo al arroyo.

—¿Morirán? — pregunté.

—No, mi cabo, porque, así como ellos le quitaron el mal a usted, ellos lo dejarán en la tierra, al tiempo de ir saltando o con solo permanecer sentados.

Esa fue mi experiencia con mi gran amigo Acua, a quien agradezco de todo corazón, y nunca olvidaré ese gran detalle que tuvo conmigo él con esos animalitos que en ocasiones vemos como asquerosos, pero que, en esta parte de mi vida, me sanaron y fueron tan útiles, sin contar la enseñanza que me dieron ellos, así como mi gran amigo y compañero, el soldado Acua.

LXVI • PERDIDOS EN LA NOCHE

Una de las partes más llamativas, así como hermosas, de mi estancia en el ejército mexicano; y en particular en la Fuerza de Tarea Marte, en el muy conocido, Triángulo Dorado, es sin duda alguna, la convivencia y gran veneración que prodigo a la hermana naturaleza.

Aunque en ese entonces eran muy raros los teléfonos inteligentes, siempre disfrutaba al máximo de los paisajes hermosos de Sinaloa, Chihuahua y Durango, o cuando menos en las fracciones de estos donde me tocó operar.

Por lo mismo, en cada ocasión que tenía oportunidad, me tomaba "la del recuerdo" que, aunque no soy y nunca fui fotogénico, la idea era plasmar los paisajes. De ahí que, por lo regular "le picaba la cresta" a mi comandante de pelotón, el sargento "Pericles", para subir a las elevaciones más altas, ver desde el punto más elevado, observarlo todo desde arriba y tomar la foto.

Después, a volar de regreso hasta el punto de partida para seguir trabajando donde nos quedamos. Esto era muy a menudo y pues estábamos todos locos en ese sentido, si todo el pelotón hacía eco y era hasta un reto subir casi corriendo las laderas para no perder mucho tiempo.

Cierto día, serían aproximadamente las doce del día cuando, durante el recorrido, el oficial comandante de sección, le dijo a mi sargento Pericles que nos separaríamos para abarcar más terreno y realizar una operación de abanico, haciendo un reconocimiento para regresar al campamento, y que allá nos reuniríamos.

Así pues, salimos en la dirección indicada, pero ya estando sobre la marcha observamos una elevación de un color azul (debido a que estaba un poco lejos), hicimos un cálculo aproximado de la distancia, nos pusimos de acuerdo y salimos abriendo el paso rumbo a tan "llamativa" elevación.

Durante la marcha, vimos venir por un camino a un hombre de a caballo, el cual al observarnos, de inmediato dio vuelta a su caballo y salió a todo galope; no sin antes arrojar algo hacia la orilla del camino. Al acercarnos al lugar donde arrojó el objeto, nos percatamos de que se trataba de una pistola calibre 9 mm. Una vez que fue revisada el arma, la guardó el comandante y seguimos adelante.

La verdad que ya con algo de hambre y cansancio, logramos llegar al objetivo solo para tomar y observar un hermoso atardecer. Tras tomar las fotos correspondientes, comenzamos el descenso casi al paso veloz, conscientes de que se nos oscurecería pronto y como los reconocimientos eran diurnos, por lo regular, nadie llevaba una lámpara.

Antes de que oscureciera totalmente, observamos la llanura y nos orientamos para caminar en dirección al campamento, solo que ahora sería a campo traviesa por completo. Realmente era una osadía peligrosa por lo agreste del terreno, pero no quedaba otra opción, pues las veredas solo nos alejaban más del rumbo que deberíamos tomar.

Solo ahora, ya retirado del activo, a mis cincuenta años y en lo cómodo de una silla giratoria, escuchando música instrumental, con una taza de café caliente y ante una laptop, escribiendo este capítulo de mi vida, me pregunto: ¿cómo fue que el Señor y mi madre María de Guadalupe, nos tuvieron tan consentidos, siendo una sierra de muchos desfiladeros, infestada de serpientes de cascabel, coralillo, alacranes, tarántulas, etc.?, ¿cómo terminamos completos y solo con rasguños muy leves? ¡Cómo es grande benévolo y amoroso, nuestro padre!

Pues bien, continuando con nuestro relato, la orden era no perder el contacto visual entre nosotros y, de vez en cuando, exclamábamos los "Ayyyy" muy característicos de cuando chocábamos con algún nopal, o solo se escuchaba el golpe del armamento contra las rocas cuando alguien se caía, a lo cual todos hacíamos alto para auxiliar al caído y verificar que no fuera nada grave. Solo se veía de vez en cuando el hombre punta encendiendo su pequeño "fósforo o propiamente dicho, su encendedor".

Una vez que ya consideramos que nos encontrábamos a distancia de ser escuchados, tiramos un "plomazo" con el G-3 (a estas alturas de mi servicio militar y, en específico a esta operación en los tres estados ya mencionados, íbamos estrenando toda la unidad, el flamante fusil automático G-3, el cual vino a suplir a la C.A.L., misma que recibí en el C.A.B.I.).

Pues bien, tras disparar el primer "plomazo", guardamos silencio y por allá detrás de varios cerros, se escuchó la contestación para confirmar; disparamos dos más, los cuales fueron contestados por nuestros compañeros en la lejanía. Esta acción sirvió para indicarnos que íbamos en el rumbo perfecto.

Seguimos avanzando, y cada media hora se disparaba nuevamente para que fuese contestado y no perder la dirección. Serían aproximadamente las doce de la noche, cuando por fin a lo lejos vimos señales de lámparas en una elevación pequeña y, aunque era de noche y en completa oscuridad, me creerán que casi corríamos hacia ellos, realmente llenos de júbilo.

Pues sí, esos hombres rudos que en cualquier momento se liarían a tiros contra cualquier transgresor, íbamos casi corriendo al encuentro de nuestros compañeros, como niños desamparados corriendo a los brazos de sus hermanos mayores o de la madre. El caer y volver a levantarnos y seguir prácticamente corriendo, "era parte del show". Es realmente un gran placer para mí estar narrando esta parte de mi vida y créanme que me emociona cómo ese día, al ver a nuestros compañeros ahí, en lugar de estar descansando, fueron a buscarnos; se siente realmente la hermandad existente.

Y quisieras en ese momento retribuir ese gran gesto a todos tus compañeros, más cuando los que fueron a encontrarnos nos extendían paquetes de galletas y hasta ánforas llenas de café; incluso hubo quienes se ofrecían para cargarnos nuestro armamento, imaginando el gran cansancio que nos acompañaba.

Créanme que, en lo personal, y aprovechando que nadie te echa la lámpara a la cara, unas lágrimas de agradecimiento se fueron prófugas de mis ojos al ver y comprobar ese espíritu de cuerpo. Para ese compañerismo que no existen palabras que lo describan en toda su grandeza y en toda la nobleza de quien lo otorga o recibe.

Llegar a la base y comer y cenar a las dos de la madrugada fue todo un acontecimiento, no hubo regaños por parte del comandante de Sección, y menos al ser entregada para su consignación la pistola 9 mm, que se aseguró por hallazgo. Lo cierto aquí fue que, así como lo acordamos, todo el pelotón durante el camino, nadie mencionó nunca nada de que se nos anocheció por subir hasta donde no estaba ordenado, solo para tomar la típica... "del recuerdo". Aquella fotografía que perduraría y daría fe, aun después de tantos años, sería el testimonio de que en verdad estuvimos ahí.

LXVII • ENTRADA DE COCHE

Sin duda alguna, las costumbres, así como los términos regionales en que se manifiesta, se expresa alguna idea o se nombra alguna cosa, tienen una gran importancia, sobre todo cuando no se conoce su significado y lo peor de todo es que se queda uno con la duda, pero no se pregunta.

En cierta ocasión, nos desplazábamos hacia una elevación para tratar de descubrir los secretos que guardaba la orografía local a realizar reconocimientos, para lo cual se tenía que atravesar por el centro del poblado. Pues bien, se nos ocurrió preguntar si acaso existía alguna vereda o camino que nos condujera hasta ese cerro o cuando menos nos aproximara al mismo. La señora a quien se cuestionó en tal sentido dijo que efectivamente había una vereda que se dirigía hacia allá. Y a la letra dijo:

—Sigan aquí por el camino, y como a diez minutos de caminar, hay una entrada de coche a la derecha, por ahí se meten y ese camino los llevará hasta acercarlos hacia donde van.

Como verán, pues está sumamente claro el mensaje, seguimos caminando, buscando tal señalamiento. Caminamos por diez, veinte, treinta, cuarenta minutos y nada. El comandante ordenó que hiciéramos un alto para descansar y tomar aire, por suerte se acercaba por el camino un hombre en un burro y, nuevamente, se le preguntó al respecto, a lo cual dijo:

—Al puro salir del pueblo, a su mano derecha hay una entrada de coche, por ahí se meten y llegarán casi hasta el cerro.

El comandante dijo:

—Oiga, pero vinimos buscando y nunca vimos la entrada del carro, nos dijeron diez minutos y ya caminamos casi una hora y nada.

El hombre rio de buena gana y repuso:

—No señor, coche, coche, no carro, es una puertita donde solo cabe un coche, un marrano, puerco, cerdo, cuino, o como lo conozcan ustedes, es una puertita de un metro o metro y medio de ancho.

Hasta ahí la mayoría coincidimos en que habíamos visto tal puerta, pero hacía más de media hora que la habíamos dejado atrás. Y como "no hay más cera que la que arde", y el militar es un todo terreno, nos tocó aventarnos a campo traviesa. Toda una odisea, sí, toda una aventura; pero ahí así nos marcaba la cosa o como dicen ahora... "es lo que arrojó el sistema". Y repito, el no conocer, los términos locales para expresar las ideas y el no preguntar hasta que quedara claro todo, sin confusión alguna.

LXVIII • GUAJOLOTE DE ORO

Continuando con el capítulo anterior, seguimos caminando a campo traviesa y tal vez serían como las de la tarde cuando divisamos una pequeña casita en medio de la nada. El escuchar ladrar perros era señal de que la casita estaría habitada y no nos equivocamos. Salió a nuestro encuentro un señor de aproximadamente cincuenta años, quien dijo ser el dueño de esa casa y que vivía ahí con su esposa y dos hijos varones.

Tras las presentaciones con el comandante de la sección, este le dijo que si su señora esposa estaría dispuesta a hacernos algo de comer y le pagaríamos. El hombre sin siquiera consultarlo con su señora, dijo que sí, que no había ningún problema, solo que deberíamos esperar un poco. El comandante dijo que estaba bien.

Realmente el esperar no fue ninguna dificultad, pues bajo los árboles del lugar, "echamos concha o tiramos hueva", como quieran interpretarlo, y pudimos ver cómo los muchachos, hijos del hombre, correteaban a un enorme guajolote, para luego, una hora después aproximadamente, comernos un delicioso estofado de guajolote.

Tras terminar de comer y reposar la comida, el comandante solicitó autorización al dueño de la casa para que estableciéramos por esa noche el campamento ahí y, posteriormente, al día siguiente, continuar la marcha hacia nuestro destino. El hombre autorizó lo solicitado y aquí vino la parte que motivo este capítulo.

Cuando el comandante le preguntó al hombre que cuánto se le debía por la comida, el señor preguntó cuántos éramos nosotros. El teniente dijo que veintitrés, a lo que el señor muy sereno dijo:

—¿Está bien, son $250.00 por cada uno.

¿Se imaginan ustedes? Si aun en la actualidad, $5,700.00 por un guajolote o pavo, es una cantidad un poco escandalosa, en ese tiempo era un precio como para comprar una res. Al teniente casi se le salen los ojos de sus órbitas, igualmente a los que escuchamos tal cantidad, sin embargo, no dijimos nada en lo absoluto, la comida había estado deliciosa. Lo triste del caso era darnos cuenta que nos habíamos comido al "guajolote de oro".

Afortunadamente, una de las partes más favorables de esa Fuerza de Tarea era que, por ejemplo, los que no giraban dinero hacia sus hogares, traían sus quincenas casi intactas. En mi caso, dejaba o giraba por medio del comandante del escuadrón que iba a pagarnos hasta los campamentos y a reabastecernos de víveres la gran parte de mis haberes, para que en mi casa, con mis "jefecitos", "chillara la cazuela". Sin embargo, sí traía lo suficiente para pagar; asimismo todos, diría yo, cargábamos con buena parte de dinero. Por lo que esa vez no objetamos nada y pagamos lo que se nos estaba cobrando.

LXIX • SERPIENTE DE CASCABEL

Es aquí para este capítulo que nuevamente hace su aparición o tiene protagonismo el soldado "Nixticuil", pues verán, realmente fue él quien tuvo la parte más importante de esta aventura, pero como él era parte de mi escuadra, tuve yo que vivirlo en primera fila junto con él.

Ese día nos encontrábamos de reconocimiento y arribamos a unos plantíos de amapola, extensos, sí, pero algo decrecidos, tal vez por la falta de agua. Las plantas solamente medían aproximadamente entre cuarenta y sesenta centímetros de altura, en algunos "lunares" del plantío estaban muy espaciadas unas de otras, por lo que se podían apreciar muchos detalles del suelo.

A diferencia de otros plantíos que habíamos encontrado, en otros lunares medianos en superficie las plantas estaban completamente tupidas sobre el terreno. Al centro del plantío se encontraba una gran roca del tamaño de una choza aproximadamente, por lo que, por medio de un avance vigilado, íbamos lentamente dirigiéndonos hacia la mencionada roca para rodearla y verificar que no se encontrara nadie ahí, tras ella, y en su caso detenerlo para su consignación ante las autoridades correspondientes.

De pronto, se comenzó a escuchar el ruido característico del cascabel de una serpiente, y el soldado "Nixticuil" la localizó, pues dicho reptil se encontraba justo delante de él. La serpiente, al verlo, comenzó a desplazarse hacia la roca, comenzando a introducirse en un agujero bajo esta.

El "Nixticuil" no lo dudó y soltando su arma sobre el suelo, corrió y sin medir las consecuencias, tomó al reptil por la cola y comenzó a jalarla hacia afuera, hasta que logró sacarla por completo, comenzando a darle muchas vueltas, girando su brazo por encima de su cabeza. El sargento Macias, sumamente asustado por lo osado del "NIxticuil", solamente se limitaba a gritar:

—Suelta eso, muchacho pend...jo, te va a morder ese animal.

Pero el "Nixticuil" solo se limitó a azotar contra la roca a la serpiente tres veces seguidas, para luego arrojarla al piso, dándonos cuenta de que la víbora estaba completamente muerta. El sargento Macias, se acercó y nuevamente le prodigó una serie de insultos al "Nixticuil" por su imprudencia, pero después de que los ánimos se tranquilizaron, destruimos los plantíos y regresamos al campamento. Serían como las seis de la tarde, cuando alrededor de una trepidante fogata, dábamos cuenta de una suculenta víbora de cascabel a las brasas. Un verdadero: BOCATO DI CARDINALE.

LXX • "CHUCHULUCOS"

Una característica muy sobresaliente a favor nuestro en esta Fuerza de Tarea, a diferencia de la anterior era que, en esta, en cada quincena, cuando iban, por medio de helicóptero a reabastecernos de víveres y a pagarnos, se nos llevaban unos morralitos incentivos que nos elevaban la moral.

Mencionados morralitos contenían un coctel de frutas, una salsa verde, una salsa mexicana, dos atunes, dos mermeladas de sabor distinto, dos paquetes de galletas saladas, una lecherita, una palanqueta de amaranto, una caja de frijol en polvo y un puño de dulces de sabores.

En lo que respecta al pelotón al cual yo pertenecía, bajo el mando del sargento Pericles, reuníamos todas las latas y las intercambiábamos en los poblados por gallinas y hasta cerditos no muy grandes, por lo que casi la mayor parte de veces, no pasábamos al "bofe" del medio día. Nos cocinábamos algo diferente.

Otro de los aspectos que también nos hacía esperar con ansia los "chuchulucos", era como ya se mencionó con anterioridad, que con él nos hacían llegar el reabastecimiento de víveres, pero aproximadamente cinco días antes, nuestro comandante de escuadrón mandaba preguntar qué necesitábamos de la ciudad y con el dinero de nuestra quincena nos surtían de las cosas que pedíamos. En nuestra mercancía iba nuestra nota de compra y en nuestro sobre del dinero ya iba descontada tal cantidad.

También ahí en el helicóptero, nos llegaba la correspondencia que esperábamos siempre para tener noticias de nuestra familia. Claro está el decir que, en cuatro meses, pueden suceder muchas cosas, por lo que algunos compañeros tuvieron que llorar verdaderas pérdidas familiares, a las cuales no pudieron acudir, pues la correspondencia en ocasiones nos llegaba hasta con quince días de retraso.

Era para nosotros una gran alegría y estimulo también el hecho de poder encargar, lo digo porque tal fue mi caso que llegué a pedir hasta seis rollos de cámara fotográfica para tomar las del "recuerdo". Como se podrán dar cuenta, estando en campaña, cualquier detalle que el mando tenía con nosotros era realmente valorado, pues nos estimulaba y realzaba nuestra moral; con simples y pequeños detalles nos tenían contentos y prestos a seguir trabajando con todo.

LXXI • SORPRENDIENDO AL MANDO

En cierta ocasión, se nos envió a establecer el campamento en un área donde se encontraban dos cerros unidos por una vaguada, y las dos faldas de dichas elevaciones eran extensas y completamente forradas de amapola. Ahí nos llevó cuatro días el dar cuenta de esos plantíos. Era en realidad muy bonito ver por las mañanas esos grandes jardines de flores hermosas multicolores.

Pues bien, uno de esos días, nos encontrábamos en plena destrucción de la amapola y en la cresta del frente se encontraba el campamento, por lo que se podía observar a nuestros compañeros que estaban cuidando el equipo y confeccionando los alimentos. Asimismo, ese día había llegado de visita ni más ni menos que el comandante del regimiento, y desde el Campamento nos veía.

Eran ya casi las cuatro de la tarde, por lo que todos ya teníamos hambre y sed, pues el agua que aún llevábamos en las ánforas se había calentado por el sol. Pues bien, tal vez les dé la impresión de insubordinación y hasta con vías de hecho, lo cierto es que, aprovechando que el coronel en esos momentos se encontraba parado arriba de una gran piedra, observándonos trabajar, le di instrucciones al soldado "Nixticuil".

Este se fue a esconder atrás de una gran piedra en sentido contrario de donde se encontraba en esos momentos el teniente comandante de la sección y, aprovechando que estaba a favor del viento, poniéndose las manos unidas sobre la boca para hacer un tipo vacío con ellas y hacer su voz cavernosa y lejana, comenzó a gritar como si fuese el coronel al teniente:

—Sanjuanooooo, Sanjuanoooo, ya párenleeeee. Vénganse a comeeeer.

Alguien por ahí le dijo al oficial:

—Oiga, comandante, como que habla el coronel.

—A ver, guarden silencio, dejen escuchar qué dice el coronel —dijo el teniente.

Todos guardamos silencio, y el Nixticuil, al escuchar que todos guardamos silencio, volvió a gritar, haciendo con sus manos sobre la boca como si fuese un grito lejano:

—Ya parenleeeeee, ya vénganse a comeeeer.

Un sargento por ahí le dijo al teniente:

—Dice que ya nos vayamos a comer".

—Bueno, pues vámonos ya dijo, mi coronel, —repuso el teniente.

—Vámonos.

Solo crucé una mirada de complicidad con el "Nixticuil" y comenzamos a avanzar en la retaguardia de toda la columna del personal. Casi al paso veloz comenzamos a subir la pendiente que, en casi cuarenta minutos nos tendría en el campamento y tras arribar al mismo, fuimos testigos de una fuerte llamada de atención al teniente por parte del coronel.

—¿Qué paso? ¿Por qué chin...os te viniste, Sanjuano, si todavía no era la hora de pararle?

—Usted me ordeno que nos viniéramos a comer, mi coronel.

—¿Estás pend...jo, oficial, yo cuándo te dije que te vinieras?

—Clarito lo oímos, mi coronel, que nos gritó que ya nos viniéramos a comer y que ya le paráramos.

—No es cierto pinc...e teniente "huevón". Estás loco y pend... jo, ¿cómo te iba yo a ordenar eso, si lo que se quiere es que cuanto antes se culmine con esto para reubicarlos a otra área?

—Que pase el personal al comedor y tú ven para acá —Le ordenó el coronel.

Realmenté, quede completamente arrepentido por haber obrado así, pues solo pensé que sería una broma sin consecuencias y resultó en toda una letanía completa para mi comandante de sección. Me avergoncé mucho al ver la cara de tristeza e impotencia del teniente, pues después de todo lo escuchado por nosotros, el coronel se lo llevó a un punto apartado y continúo regañándolo.

Desafortunadamente, ya no se podía dar marcha atrás y la verdad, por temor y cobardía a las consecuencias, no recompuse el error cometido. Lo comentamos el Nixticuil y yo, completamente apenados y acobardados. La verdad, no recuerdo haberme visto en otra situación parecida donde la cobardía me ganara y estuviera rigiendo la situación. Por lo pronto, el teniente estaba pagando los platos rotos.

LXXII • POR POQUITO NOS "CUECEN" A TIROS

En otra ocasión se nos envió la orden de salir "móviles" del campamento, solo con el equipo para pernoctar y abastecimiento para ocho días, por lo que a mi segundo pelotón le toco salir, al igual que al tercero; quedándose el primero en el campamento a cuidar el resto del equipo.

Desafortunadamente, como a media semana, el no hacer bien el recuento del abastecimiento que deberíamos haber llevado para que nos cubriera y alcanzara los ocho días, provocó que nos quedáramos sin el mismo; razón por la cual el teniente me designó con mi escuadra para acompañarlo a la base a traer más víveres.

Lo desafortunado del caso fue que al comunicarse con el sargento Macías que estaba en la base, este le informo al teniente que durante nuestra ausencia se había reubicado la base a un lugar sumamente alejado, dándole el nombre al teniente de un ejido o pueblo llamado "El Verde".

Sucedió que nos pusimos en el camino a esperar para ver si pasaba algún vehículo que nos diera el clásico "aventón". Por suerte, una pickup de color negro con dos personas en la cabina se detuvo y tras el teniente explicarle la situación y los motivos, amablemente accedieron a llevarnos hasta el lugar.

Abordamos la camioneta, quedando el teniente en la cabina, en medio de los dos ocupantes de la misma, y mi escuadra y yo, así como el "Traca" (radioperador) quedamos acomodados en la caja de la misma. Hasta ahí pude percatarme que las personas que nos conducirían hasta nuestra nueva base de operaciones fija, donde se encontraba el sargento Macías, con su personal y todo el equipo, iban ingiriendo bebidas embriagantes.

El viaje comenzó como a las tres de la tarde y avanzamos por varios tramos de terracería, hasta que comenzamos a puro bajar y bajar por caminos angostos, hasta que aproximadamente a las nueve de la noche horas, llegamos a un lugar donde había solo dos casitas y en una de ellas una tenue luz de una vela alumbraba a sus ocupantes. El oficial preguntó por nuestros compañeros y a lo que un adulto mayor le dijo:

—Regrese por aquí mismo, por donde entró, y como a quinientos metros a su izquierda ahí están las casitas de sus compañeros.

Así lo hicimos, dimos vuelta y tras avanzar un tramo, la camioneta viró a la izquierda, pero como ya lo mencioné, nuestros benefactores iban en estado inconveniente, por lo que la música del estéreo de la camioneta iba con la música a un volumen considerablemente alto. La velocidad también no era muy moderada que digamos.

De pronto, la camioneta solo frenó de golpe y derrapó levantando una gran y espesa nube de polvo, y solo se pudo escuchar el "cortar cartucho" de varias, más bien muchas armas, cuando la nube de polvo comenzó a disiparse. Nos vimos en medio de una herradura de personal apuntándonos con sus armas. Solo atiné a decir en voz baja a mi personal que se pusieran de pie sin las armas, para que aquellas personas pudieran apreciar que éramos militares, de lo contrario nos "cocerían" a tiros. Así lo hicimos y pudimos escuchar que alguien dijo:

—Mire, comandante, también son soldados.

El teniente Sanjuano prácticamente aventó al civil que iba sentado en la cabina a su derecha y se bajó gritando:

—No disparen, soy el teniente Sanjuano.

Una vez identificado el teniente con el personal de ahí, dejaron de apuntarnos y el teniente fue conducido ante un capitán, quien fungía como comandante de lo que resulto ser una sección de infantería de un batallón de Oaxaca, que al igual que a nosotros, les había tocado ir a esa Fuerza de Tarea Marte.

La llamada de atención por parte del capitán al teniente no se hizo esperar por las circunstancias en que todo se estaba dando. Y es que, al parecer, durante el trayecto, el teniente Sanjuano ya había dado cuenta de unas cuantas cervezas. El capitán varias veces le repitió que, si no fuera porque nos llevaría "entre las patas", sin tener mucha culpa, en ese momento lo pasaría detenido y lo consignaría al Ministerio Público Militar para que fuera procesado.

Ya estando un poco más tranquilos los ánimos, me pude percatar que la parte delantera de la camioneta quedó a escaso medio metro de toparse con el vivac que tenía enfrente sobre el camino. Un poco más que hubiese derrapado y los compañeros infantes que dentro de él se encontraban descansando, simplemente lo hubieran pasado mal.

Poco después ya estando todo más tranquilo, le informaron al teniente de la ubicación de nuestro personal de caballería, por lo que el capitán de infantería, todavía sin poder ocultar su molestia, simplemente nos corrió de ahí, de su campamento. Un poco después, ya reabastecidos de provisiones y camino de regreso a nuestro campamento móvil, en silencio le di gracias a la Virgencita de Guadalupe y a mi Señor Dios por haberla librado ahí ese día.

Y haciendo un análisis de la situación y poniéndome en el lugar de los vigilantes de esa base de operaciones de los infantes, yo, al ver que una camioneta a exceso de velocidad y con la música a todo volumen (muestra inequívoca de bebidas embriagantes) se desplazaba hacia donde descansaban mis compañeros, simplemente sí hubiera abierto fuego u ordenado fuego a mis compañeros.

Por otro lado, ya dentro del dispositivo de herradura, en medio de la nube de polvo, bajo la mira de muchas armas de fuego, con un solo soldadito recluta que se haya puesto nervioso y disparara, todos los demás lo iban a hacer y prácticamente nos iban a cocer a tiros. Realmente que ahí sí la libre de una muy cercana. Es realmente impresionante el tener muchas armas apuntándote, se ven los cañones como si fuesen de vehículo blindado, de un diámetro exageradamente grande. Un verdadero milagro nos permitió salir ilesos... tal vez solo por esa vez.

LXXIII • "CERVECERO" POR NECESIDAD

Resulta ser que, en cierta ocasión, cuando nos desplazábamos a buscar la ubicación de unas coordenadas donde operaríamos, se nos hizo muy tarde, pues ya eran aproximadamente las cuatro de la tarde. El sol nos castigaba cruelmente y bañados en sudor, alcanzamos una sombra de un hermoso mango. Era un pueblito que nos quedaba de paso, el agua en nuestras ánforas estaba no tibia, lo que le sigue.

Al hacer el alto horario en la sombra, el teniente dio la indicación de que por pelotones nos dedicáramos a hacer nuestras compras en la pequeña tienda que estaba justo frente a nuestro punto de descanso. Mi pelotón era el segundo, y el tercero era el que en esa ocasión nos acompañó a efectuar el recorrido, por lo que sería una mini operación móvil de ocho días.

El primer pelotón se había quedado en la base de operaciones. Así que, por consiguiente, nos tocó hacer nuestras compras primero, mientras el tercer pelotón proporcionaba la seguridad. Lógico que el teniente se fue primero con nosotros. Era el tiempo en que, aunque parezca extraño, aún no vivían su completo auge las aguas embotelladas, por lo que llegamos buscando sodas o refrescos, como mejor me entiendan.

Grande fue nuestro asombro general al ver que, en unos estantes de madera, se encontraban sodas de cola y de sabores (de las marcas más conocidas). El caso es que, por encontrarse en los estantes, tenían polvo, no de ese día, sino tal vez de unos ocho o quince días atrás. Y la sorpresa fue mayúscula cuando pudimos darnos cuenta de una tina de zinc, con una capacidad de aproximadamente cuarenta o cincuenta litros, misma que yacía en una esquina de la tiendita, sobre el suelo de tierra, con agua y unas barras de hielo en pedazos de tamaño considerable.

Estaba la mencionada tina a toda su capacidad de ¡cerveza! Al preguntarle al hombre dependiente por las sodas heladas nos dijo que ahí casi nadie las compraba, por lo que era un desperdicio del hielo meterlas ahí. El teniente al ver tal situación dijo:

—Solo porque el calor lo amerita, los que gusten pueden tomarse hasta tres latas. Si descubro a alguien que ingiera más de tres, me encargaré de que llegue al regimiento arrestado con quince días, ahora que nos releven.

El teniente encabezó comprando sus dos latas. Por mi parte, nunca había ingerido ni por error alguna cerveza, aunque les parezca extraño. Por lo que me compré solo una para mitigar la sed, pero qué gran sorpresa me llevé cuando al tomarla, por el mismo efecto de la sed, me supo algo así como media dulzona. Ni que decirles que de inmediato procedí a comprarme las otras dos que estaban permitidas.

Es ahí donde fue mi parteaguas y mi encuentro con las bebidas de cebada, pero sin que suene a alguien vicioso. Les aseguro que, si hubiese encontrado sodas frías, cuando menos en esa ocasión, no hubiese tomado cerveza y tal vez nadie de los que conformábamos la patrulla. Ahora sí que todo fue obligado por la necesidad de mitigar la sed.

LXXIV • MALA PROPUESTA

Era domingo y salimos temprano a efectuar un reconocimiento radial, pero solo habíamos avanzado unos minutos cuando el teniente ordenó reunirse y dijo que nos iríamos de regreso a la base, pues era domingo y ya casi nos relevarían, que nos dedicáramos a descansar, lavar ropa, etc.

Resultó ser que las personas civiles que aquel día aciago en que casi nos "cuecen" a tiros los artilleros, nos dieron el aventón en su pickup. Cuando más relax nos encontrábamos ese día, se presentaron ahí a nuestra base de operaciones, pues al parecer habían hecho amistad con el teniente.

Y en virtud de que entre la plática se acercaron hacia un árbol frondoso donde me encontraba descansando y disponiéndome a "caerle a jetear", también se sentaron a la sombra del árbol, por lo que pude escuchar, esta vez sin querer, todo lo que le propusieron:

—¿Qué onda, Sanjuano, cómo estás? —Le saludaron al teniente.

—Muy bien, ¿y ustedes? —respondió.

—Bueno, pues solo queremos que nos escuches. Pues creo que ya nos consideramos amigos, ¿qué no?

El teniente solo asintió con una sonrisa en sus labios.

—Bueno, pues mira, nosotros de buena fuente sabemos que, dentro de poco, ya los van a relevar y queríamos ver si es posible el que reunamos a nuestra gente con la tuya y hagamos un convivio de despedida para ustedes.

—Nosotros solo tenemos como veintidós trabajadores contigo, Sanjuano, ¿cuántos son ustedes?

—Somos treinta y cuatro —respondió el teniente—. Pero a ver, dime, ¿de qué estamos hablando?, ¿de qué tipo de convivio?

—Bueno, mira Sanjuano, nosotros habíamos pensado en mandar traer un tráiler con "thermoking", de doble remolque, bien "full" de cerveza Modelo. Ya tenemos referidos unos toretes para la comida de ocho días, ya tenemos contratadas a unas señoras de aquí del rancho para que nos hagan la comida y las tortillas los ocho días. Solo necesito que autorices y me mandes un sargento o un cabo de tu confianza para que vaya con nosotros a Culiacán y Mazatlán, a contratar puras edecanes, una para cada uno de nosotros; estoy hablando de todos, los tuyos y los míos.

»Si aceptas, lo haremos en mi rancho, es grande y tiene todos los servicios y claro, tú no lo conoces. Habitaciones para cada uno de los tuyos y míos. Será una fiesta en grande. Solo es que tú me digas que sí para aventarme al ruedo a sobornar a quien sea para traer a los Tigres del Norte, Invasores de Nuevo León, Vicente Fernández, Cadetes de Linares, Vicky Carr, Banda el Recodo, La Arkangel R-15, Pancho Barraza, y algunos más que se te ocurran; el caso que la música no pare ni un minuto.

A estas alturas, como ustedes se imaginarán, yo que escuchaba toda la conversación de ellos, bastante fuerte y claro, ya me encontraba haciendo changuitos hasta con los dedos de los pies para que mi comandante dijera que estaba de acuerdo y que sí nos reuniéramos con ellos a "cotorrear" Sin embargo, mi teniente, sonriendo preguntó:

—Bueno, camarada, viendo que estás dispuesto a echar la casa por la ventana y eso supone un dineral, ¿de dónde sale tanto?

—Mira, Sanjuano, tú no preguntes; aquí la tierra es muy generosa con nosotros y por eso y en agradecimiento, queremos despedirte con tu gente como te mereces. Cada quien vive de lo que puede, tú por ejemplo, vives de tu uniforme y pues nosotros nos "cuecemos aparte" o bien... se nos cocina aparte.

»Y ten por seguro que jamás dejaremos que tú nos sorprendas en algo chueco, por lo mismo del respeto que no como amigo, sino como hermano, te tenemos. Y, por lo mismo, nunca levantaríamos un solo dedo contra ti o contra alguno de tu personal.

El teniente sin inmutarse siquiera repuso:

—Como ya lo sabes y entiendes que de antemano te agradezco tu buena intención, ¿verdad? Pero... ¿sabes? No puedo aceptar tal propuesta, tú lo has dicho, me debo a mi uniforme, a mi grado y a mi personal, a mis hermanos de arma, más que subordinados, lo repito: son mis hermanos. Y no me gustaría que, por una equivocación o debilidad por mi parte, arrastrara a mi personal y a sus respetables familias que los esperan en casa, y ponerlos en una situación muy comprometedora ante los ojos del mando. En otras circunstancias me encantaría, convivir con ustedes, pues somos jóvenes la mayoría y tu propuesta es muy tentadora. Por ahora no. Mil disculpas.

—No te preocupes Sanjuano, disculpas aceptadas y créeme que yo hubiera jurado que ibas a aceptar, pero ahora con esto, me sorprendes más por esos "tamañotes" que tiernes y créeme que más te admiro, mi hermano.

Nuevamente, aquí recibí toda una gran lección, por parte de mi comandante, de lo que era el sentido del deber y el respeto hacia los subordinados. Toda una catedra de valores y gran fuerza de voluntad para saber decir un "no" a tiempo. Me acababa de enseñar a vencer "al Diablo de las tentaciones".

Sí, aquel hombre al que días antes yo, cobardemente le había conseguido una fuerte llamada de atención por parte del coronel, ahora me daba toda una clase completa de "don de mando". Los hombres solo saludaron de mano al teniente, lo abrazaron y le prometieron volver a despedirse el día que nos fuéramos a ir de ahí. Acto seguido, abordaron su camioneta y se fueron rumbo al pueblito.

Por mi parte, una vez que se retiraron los civiles y el teniente se retiró hacia su vivac, aún rumiando el que el oficial no hubiera aceptado tan tentadora oferta, me coloqué mi arma a la bandolera, mi fornitura con mis cuatro cargadores de cabecera y mi gorra cubriéndome la cara, vi mi reloj, eran exactamente diez cuarenta y cinco horas. No supe en verdad en qué momento fue que me quedé profundamente dormido.

Hago aquí un paréntesis en mi relato, querido lector, pues les pido que consideren la hora, en la cual me dispuse a dormir, asimismo que faltaban exactamente ocho días para que fuésemos relevados de esa operación militar y estar de regreso en Jalisco, en nuestra "alma máter". Este detalle se relaciona mucho con lo que les narraré en el capítulo setenta y nueve.

Después de todo, en ocho días más, el domingo próximo, estaría en casa, con mi familia y entre mis planes ya figuraba visitar a una gran ¿amiga? en Guadalajara, invitarla a comer y charlar para despojarme del estrés de la presente operación llevada a cabo en el "Triángulo Dorado".

Despojarme de esa cobardía que hasta ese momento no entendía, y tal vez confesarle que ya no la veía como una simple amiga, ya rondaba en todos mis sueños futuros. Sí, querido lector, al recordarla sentía un "no sé qué, que qué se yo"... me había enamorado de ella.

Claro está que esto solo Dios y el tiempo me dirían si es que acaso sería posible que llegara a consumarse. Por lo pronto, los últimos ocho días se me harían eternos de esa operación fuera de plaza y de mi sector militar, para acudir corriendo a ver a esa hermosa chica.

LXXV • UN BUEN "CERRÓN"

Realmente en toda ocasión lugar o centro de trabajo, se suscitan ciertos incidentes desagradables o desafortunados; y existen ocasiones que tal vez sin que tú te lo propongas, ya cuando te das cuenta, eres el protagonista principal. Por lo que no puedes dar marcha atrás, y ni siquiera rehusarte a lo que venga, independientemente de las consecuencias que esto traiga consigo.

Cierta tarde-noche, me encontraba en el interior del vivac del soldado de Sanidad, El Bronzo, y, al igual que yo, estaba también el cabo "Riñón"; cenábamos un suculento cereal con leche de polvo diluida en agua. Todo el personal ya se encontraba en sus vivacs, descansando, mientras esperaban la hora de la última lista que se pasaba a las nueve de la noche. De pronto se dejó escuchar la voz del sargento Macías, que me dijo:

—Ese mi flaco, vamos a cantar una canción —a lo que ni tardo ni perezosos comenzamos con la canción de "Central Camionera", misma que fue interrumpida por una voz que gritó:

—Denles un cinco a esos cab...nes, para que se callen el hocico.

Yo no quise responder a tal agravio, pues era obligación de mi superior "brincarle" y llamarle la atención a quien deliberadamente nos insultaba. No sucedió nada y seguimos cantando. Quien había gritado era el cabo "Garrul" (un cabo de aproximadamente 1.90 de estatura y robusto, que contrastaba con mis 1.62 de estatura y mis 54 kilogramos de peso), al escuchar que seguimos cantando, volvió a la carga diciendo:

—Aviéntenles un hueso a esos hijos de su pin...e madre, para que se callen el hocico.

Nuevamente, espere que mi sargento Macías le "resorteara" sin éxito y seguimos cantando como si nada.

Y ahí está, la tercera vez haciendo más énfasis en el insulto el cabo "Garrul" volvió a gritar:

—Échenles un pin...e hueso a esos hijos de su repu...ísima madre para que se callen el pin...e hocico.

La verdad, aunque nunca fui lo que se dice "muy picudo o muy felón", pues ya era un insulto derecho, tristemente me di cuenta de que aquel sargento de quien se decía que mataba y enterraba, pues no le iba a brincar. ¿Por qué?, lo desconozco. Sin pensarlo más, le grité:

—Ven a callármelo tu hijo de tu pu...a mad...e.

—¿Deveras quieres que te lo calle? —replicó.

—Pues si puedes, "sobres".

Al momento, el cabo "Riñón", quien se encontraba ahí conmigo me dijo:

—Espérate, pinche Benjamín; deja salgo yo a callar a este "bato".

A lo que ya bastante "calientito" le dije:

—Ni mad...es, "Riñón", ¿cómo quedaría yo ante todos los soldados, como un pinc...e miedoso? ¿Qué van a pensar mis soldados de mí, cuando les llame la atención por algún error o falta que cometan? Deja voy, que pase lo que tenga que pasar y que quede lo que tenga que quedar.

Por su parte, el cabo "Riñón", ya no dijo nada, sabía que yo tenía razón y guardó silencio, mientras ya bastante enojado, comencé a salir del vivac El cabo garrul me grito:

— Sálele pues, cab...n, ¿o qué?, para quitarte lo hablador.

Salí, mientras él en la semioscuridad parado me esperaba, ya se había quitado su chamarra y la sostenía en su mano derecha, colgando está a toda su extensión. Viendo esto, me deshice de la mía también.

Me aproximé y me acerqué de más, pero no medí las consecuencias, pues tontamente creí que estaba, no quizá ante un caballero, pero cuando menos sí ante un verdadero hombre, valeroso y con principios, no ante un traidor, como resultó este personaje. ¡Error garrafal! Este al tenerme cerca me dijo:

—¿Entonces qué?

Quise responder, aunque solo alcancé a decir:

—No pues como quieras le hacemos —pero ya no alcancé a decir más.

Soltando su chamarra me propinó tremendo golpe que me "descontó" y caí al suelo y, de inmediato, se abalanzó sobre mí para no dejar que me pusiera en pie. El estar arriba de él y luego abajo tirando golpes y cubriendo o esquivando algunos, sucedió en fracción de minutos; al momento ya todo el personal se encontraba separándonos. El sargento Macías me dijo:

—Ya mi flaco, ya estuvo.

Completamente encolerizado, le respondí:

— Usted retírese, mi sargento, y no me diga nada. No haga que le pierda el respeto que todavía le tengo; si usted hubiera actuado como se debe, esto no hubiera pasado, pero ya vi que no es quien yo creía, le faltan muchos pantalones para estar a mi altura.

El sargento Macías, completamente aludido por lo que le dije, solo se dio la vuelta y se retiró hacia su vivac. Fue en esta parte del pleito ya controlado, que hicieron su aparición los soldados de mi pelotón quienes llegaron queriendo agredir al cabo "Garrul"; inclusive uno de mis soldados de escuadra, "Liebre", salió con un tremendo machete en mano que, si no lo detienen, tal vez si hubiera cometido un hecho lamentable. Sin embargo, tras ser controlado, yo me hice cargo de él y lo llevé hasta nuestro vivac, mientras a lo lejos se escuchaba al cabo "Riñón" que delante de todos le decía a mi antes contrincante:

—Mira, Garrul, aquí te quisiste agandallar con el "Benjas", porque lo viste chaparrito y delgado, y ya ves, te partió tu mad...e. Para la próxima que te quieras pasar de lanza con cualquiera de aquí de la sección, yo sin decirte nada te la voy a partir, conmigo nunca has querido. Solo te pones con los que crees hacerla. Estás advertido."

El cabo "garrul" no respondió nada en lo absoluto. Por mi parte, sentía el rostro muy caliente por lo que le dije al soldado "Liebre" y al "Loco":

—A ver, préstenme un espejo y una lámpara, por favor. —Rápidamente, cumplieron con lo pedido y tras revisarme, pregunté—. A ver, "Loco", fíjate bien de dónde estoy sangrando, pues no veo de donde me sale esta sangre que tengo bañada la camiseta de enfrente.

"El Loco", por su parte, sonriendo dijo:

—No, mi cabo, esa sangre es de ese “bato”; usted le rompió la “geta”, precisamente allá se está lavando la cara el arroyo, pues no se le puede detener la hemorragia.

—Bueno —dije—. Cuando menos se llevó un recuerdito.

A la mañana siguiente, amanecí con mis gafas de sol, pues el golpe con el cual me derribó inicialmente tuvo sus consecuencias, pues mi ojo izquierdo me amaneció casi cerrado, con una aureola morada alrededor del mismo y él lucía sus dos labios completamente hinchados.

Eran las huellas de un “cerrón” del cual, lo creen que yo en lo personal, me sentía orgulloso y satisfecho conmigo mismo, pues todo el tiempo fui inflexible, actuaba y procedía con firmeza ante las faltas de mis subordinados y aquí les acababa de demostrar a más de tres que en casos extremos, jamás me sentaría, pasara lo que pasara. Y creo que a ellos les quedo bastante claro y, por eso, si antes me respetaban, aquí me gane unos puntitos más ante sus ojos.

Como podrán apreciar, aunque fuimos el glorioso ejército mexicano, pero también como en cualquier otra profesión, empresa o trabajo, existíamos gente de todo tipo de extracción familiar o social. Aquí no puedo yo hablar, por ejemplo, de un “buen cerrón” entre caballeros, pues bastaría con ver la complexión del cabo “Garrul” y la mía para establecer que hubo muchísima diferencia.

La verdad hay que decirla, y sin pecar de considerarme el más honorable del mundo, pero creo que yo con la complexión de él, nunca hubiese recurrido al “descontón” arteramente como él lo aplicó a mi persona. Y, por otro lado, sin ser el más valiente del mundo, yo si le hubiere dado la oportunidad de incorporarse después de haberlo derribado, para demostrarme a mí mismo que las podía, y que no le temía.

Él, por el contrario, se limitó a tratar de inmovilizarme de inmediato en el suelo para masacrarme a golpes. Sin embargo, aunque todo apuntaba a su favor y, por consiguiente, en mi contra, en el desarrollo de los acontecimientos pude equilibrar la balanza, revirtiéndole así el resultado, pues dadas las grandes diferencias en todos los sentidos, “no me fue tan peor”.

LXXVI • CONCENTRACIÓN, POR FIN A CASA

Por fin se llegó la fecha de la concentración, se dieron unas coordenadas y nuevamente los camiones de transporte de materiales se presentaron a recogernos para llevarnos a un lugar, el cual ya era muy conocido por nosotros: el "Campamento de Siete Gotas", en Culiacán, Sinaloa.

El llegar y reencontrarnos nuevamente reunidos todo el regimiento era un magno acontecimiento. Casi nunca se tenía una oportunidad como aquella, cuando se estaba en una vida normal de una unidad como la nuestra en el cuartel, en nuestro propio cuartel. Y fue precisamente el reencuentro con algunos compañeros lo que motivó el narrarles esto.

Como sabrán, en algunas ocasiones surgen las pasiones que nos arrastran a cometer actos de los cuales al final nos arrepentimos, aunque a veces ya es demasiado tarde Este comentario surge porque al encontrarme yo con algunos entrañables amigos, de otras aventuras en otras secciones o pelotones; al verme con mi "ojo de tigre" por el "descontón" que días atrás me había propinado el cabo "Garrul", completamente encolerizados (el cabo La Guantánama y el cabo Calote eran los más "calientes"), quisieron ir a buscarlo y pretextar cualquier cosa, para citarlo en alguna de las barracas de lona, vacías y... apuñalarlo.

Decían que al fin que, entre tantas unidades ahí reunidas, nadie sabría quién fue (realmente y ustedes me darán la razón, un pensamiento muy infantil, cosa que les hice ver). ¿Creen ustedes eso? Pues era cierto. ¡Querían quitarle la vida por aprovechado, dijeron!

Ellos por lógica, por la gran amistad que nos unía, por la gran diferencia de complexión entre el cabo "Garrul" y yo, estaban intentando, presas de la cólera, cuando menos ir a golpearlo; acto que no permití que se llevara a cabo. Ahí ellos me veían como una persona indefensa, por ser chaparro y delgado; sin embargo, pude quitarles la idea cuando mis compañeros de sección les contaron los detalles y supieron que también yo le reventé a golpes los dos labios.

Terminaron por felicitarme sonriendo complacidos al saber que yo también le propiné lo suyo al "abusivo" y desistieron de sus planes. Después de eso, todo fue revistas de equipo y preparación de la salida por ferrocarril, programada para el día siguiente, que era sábado.

LXXVII • FERROCARRIL EN REVERSA

Realmente aquí algo paradójico fue el hecho de que se nos hizo abordar unos vagones el sábado por la mañana, mismos que al tiempo de ponernos en marcha rumbo a nuestras casas, ¡nos llevaban en reversa! Por fin había comenzado el éxodo. Quién sabe por qué motivo, habían enganchado los vagones de manera inversa, así que sabíamos con gran agrado que íbamos hacia casita, pero desplazándonos en reversa, dando frente hacia Culiacán.

Todo el personal iba en disfrutando jubiloso el regreso y se escuchaba como todos a una voz íbamos cantando "Las nieves de enero", de un famoso cantante mexicano A estas alturas, hasta los oficiales iban completamente integrados a la "franca pachanga", haciendo bromas, contando chistes o cantando.

Algunos otros, los más serios, solo se cubrían el rostro con la gorra y entre el júbilo de la mayoría, intentaban dormir.

De vez en cuando, pasaban por el pasillo a lo largo de los vagones, los doctores y enfermeras, comisionados para acompañarnos por aquello de alguna emergencia. Se nos había repartido la famosa "ración seca" misma que pocos consumíamos, pues habíamos previsto algo que compramos para el camino, independientemente que, a esas alturas, en lo personal, el solo pensar que me reencontraría con mi familia tenía un efecto de saciedad, por lo que casi no sentía el hambre. El ferrocarril seguía consumiendo kilómetros, así como las horas se siguieron consumiendo en el reloj y comenzó a atardecer, y por fin cayó la noche, no supe en qué momento me dormí.

UELA MILITAR DE CLASES DE LAS ARM
AQUI SE FORJA EL
E.M.C.A.
ALMA DEL EJERCITO
LA PATRIA ES PRIMERO

LXXVIII • BIENVENIDA

El domingo muy temprano, me despertó el gran "refuego" de música; era por la mañana y ahí estaba un mariachi y una gran Banda de Música Militar en una estación del ferrocarril; la verdad, pensé que ya habíamos llegado a nuestro destino, pero no. Estábamos en Guadalajara y la Banda de Música de la Región Militar nos deleitaba con melodías, mientras que ahí abajo, se servían platillos de comida a quien quisiera.

Pero, tal vez en otras circunstancias, todos hubiéramos bajado a comer, y pedir permiso para bailar con alguna de las guapas enfermeras que nos acompañaban en el viaje; sin embargo, a estas alturas, todo eso nos tenía desesperados y se nos hacia una completa pérdida de tiempo, queríamos continuar los últimos kilómetros que nos separaban de nuestras familias, de nuestras casas.

Por fin, el tren se puso nuevamente en marcha y continuamos hacia nuestro destino. Nuevamente "Las nieves de enero". Todo era un jubilo fuera de serie cuando por fin comenzamos a entrar en lo que era la estación de nuestra pequeña ciudad. Cientos de familiares de mis compañeros se habían dado cita ahí para recibir al regimiento y, al comenzar el descenso, todo era música y más fiesta. Las familias buscaban a su "JUAN" que había llegado de campaña, lloraban, se abrazaban y los niños, mamás, papás y esposas, abrazaban a su familiar.

Por mi parte, permanecí hasta casi bajar en última instancia del vagón, por más que quise, no pude coordinar ni el día ni la hora de llegada del tren y, por consiguiente, mi familia no sabía que ya estaba yo ahí, arribando. Tras secar las lágrimas de sentimiento que corrían por mis mejillas, descendí del vagón acudiendo a reunir a mi escuadra en un punto donde ya se comenzaba a organizar el escuadrón para abordar los carros y proceder a concentrarnos a nuestro hermoso cuartel.

La verdad es muy fuerte el hecho de ver tanta felicidad y no poder ser parte de ella, no tener quien te reciba, no tener cerca o mejor dicho ahí, quien te dé ese abrazo tan esperado en esos momentos. Llegar al regimiento tomó menos de media hora, organizarnos, entregar equipo y armamento fue de "volada", todos queríamos tirar todo y salir "chicoteados" a nuestras casas Por fin, la lista ya desarmados y la tan esperada franquicia por tres días sin pasar lista.

Llegar a casa y por fin sentir el abrazo de mis padres y hermanos me llenó por completo y no pude evitar que, nuevamente, gruesas lágrimas surcaran mi rostro. Ahí estaba mi hermosa y amorosa familia llorando conmigo entre abrazos y besos, así como mi humilde nido, del que por voluntad un día había volado para cumplir un sueño, sí, mi gran anhelo: **CAMBIAR MI PIEL MORENA POR LA PIEL VERDE OLIVO.**

LXXIX • VISITANDO A MI AMIGA DE GUADALAJARA

Como ya comenté anteriormente, se nos dio franquicia de tres días sin lista de control, así que me trasladé a casa de mis padres, a mi pueblito, el Rodeo de Guadalupe. De inmediato, después de mi llegada y estar un buen rato con mi familia, me dirigí a ese pueblito tan pintoresco, del cual atesoro los mejores recuerdos de mi infancia, su bella gente, mis grandes amigos, que digo amigos... mis hermanos.

Quería recorrer sus calles en aquel entonces empedradas, y estrechar la mano de cuánto habitante de ahí me encontrara, me sentía pleno con mi gente y completamente feliz al estar de regreso en ese pueblito que consideraba mi casa. Y me creerán que no podía evitar el pensar que, en mi trabajo o profesión, tal vez algún día solo les llegaría la noticia de que yo ya habría fallecido en algún enfrentamiento contra delincuentes. Y debido a estos pensamientos, más disfrutaba de poder aún estar ahí en ese lugar, disfrutando del calor y cariño de esa mi gente.

Visité a mis grandes amigos y esa tarde convivimos hasta muy entrada la noche, por lo que el lunes, me levanté temprano, me preparé para salir con rumbo a Guadalajara, pues en la central de autobuses de la mencionada ciudad, me esperaría Alicia, mi gran amiga. Pero, ¿quién era ella?, ¿quién es o de dónde salió Alicia? Permítanme, les explico:

Tiempo atrás, antes incluso que supiéramos que iríamos nuevamente a "la Marte", me enviaron junto con mi pelotón a un destacamento a un poblado, ubicado en la ribera del Lago de Chapala. Ahí todo era rutinario y hasta tedioso, pues era solo permanencia. Una demostración de fuerza, por lo anterior, no se efectuaban recorridos.

Como mi comandante de Pelotón, el sargento Badillo, no era muy afecto al deporte, era de esos gorditos simpaticones con sus cachetes colorados, muy característico, pues para él, todo era estar ahí en aseo de la base, limpiar armamento, academias y relax. Pues bien, en una ocasión, mientras aburrido leía una revista de bolsillo, al final de la misma tenía una sección de almas solitarias y me percaté de que había una chica de Guadalajara que tenía mi edad aproximada y que solicitaba le escribieran jóvenes de todas partes para entablar una bonita amistad.

Tome su dirección y en vista de que ahí había tiempo, puedo decir en demasía, procedí a escribirle una carta. Sin mucho pensarlo la puse en el correo. El tiempo pasó, y como a los quince días, recibí la visita de una de mis hermanas y mi hermano menor. Convivimos, paseamos por el pueblo, desayunamos y, por la tarde, cuando se preparaban para retirarse; mi hermana me dijo: "se me estaba olvidando, es prácticamente el motivo de haber venido", dijo mientras de su bolso de mano, sacaba una carta con remitente de Alicia "N", con domicilio en Guadalajara. Y preguntó:

—¿Quién es ella?

A lo que respondí:

—No sé. —Y en verdad, hasta ahí, no recordaba que era ella, a quien yo le había escrito solo unas semanas antes, aquel día de ocio en esa base de operaciones de la ribera de Chapala.

Para no hacer el cuento tan largo, entablamos una bonita amistad y conforme a lo solicitado por mí, en mi carta, desde la primera de ella, me envió su fotografía, por medio de la cual pude conocerla (fotografía misma que todavía conservo, a pesar de tantos años ya transcurridos). Nos escribíamos con frecuencia y, en ocasiones, nos hacíamos llamadas por teléfono, donde durábamos hasta dos horas platicando.

Cierta ocasión, le llamé y me contesto muy triste, pues tenía a sus dos papas internados en el hospital por diferentes motivos, y ella tenía un examen final al día siguiente (estudiaba para educadora bilingüe), y dijo no tener ánimos de estudiar. ¿Cuándo si no en esos momentos es cuando se debe ser un verdadero amigo y motivar, encausar, aconsejar a tan estimada amiga y confidente?

Procedí a platicar con ella y con los mejores argumentos de los que pude valerme, la convencí de estudiar para que no les fallara a sus padres, menos en esos momentos. Tenía que recibirlos de regreso, cuando los dieran de alta, con la gran noticia de que había pasado el último examen, que ese gran sacrificio de ellos había rendido frutos.

Aunque llorando, pero completamente convencida, me dio las gracias y le dije que ya le colgaría para que se dedicara a estudiar, que no me fallara a mí también. Entre llanto, sonrió y colgamos. Al día siguiente, por la tarde, le volví a llamar y ahí estaba, radiante y muy agradecida; me daba una y otra vez las gracias, pues había exentado el examen final. Se titularía.

Pues bien, ella era Alicia (es su nombre real, no pongo apellidos para proteger la privacidad de su identidad). Pero tal vez a estas alturas del tiempo transcurrido, en algún lugar de Tlaquepaque, en Guadalajara, Jalisco, se encuentre con su marido, hijos, nietos... qué se yo. Pues bien, ese lunes de franquicia me dirigí a visitarla.

El punto de encuentro fue en la que en ese entonces era la terminal "nueva" de autobuses en la ciudad de Guadalajara. El encuentro fue por parte de los dos muy efusivo, pues ya hacía mucho tiempo que no nos veíamos en persona; por mi parte les juro que la encontré tan guapa y radiante como siempre (ya nos habíamos conocido, primero en fotografía, como ya comenté; y después en persona, en una ocasión que la visité, hacia algo de tiempo ya). Tomamos un autobús y durante el trayecto, adoptando una actitud muy seria me dijo:

—Vamos a desayunar, te pones cómodo, de tal forma que puedas escucharme perfectamente; porque te voy a reclamar algo, pues estoy muy molesta contigo. Y creo que sabes muy bien porque, pues eso que hiciste no se le hace a una amiga que te estima y siempre te recuerda.

Solo me reí, pues creía no haber hecho nada para merecer su reclamo, pues ni sabía a qué se refería y creí que todo era una broma. Llegamos al centro e ingresamos en un restaurante muy pintoresco, y tras pedir la carta y ordenar me dijo:

A ver mi queridísimo amigo y confidente, a ver si me vas explicando el por qué no me esperaste el domingo pasado, que viniste a mi casa, y espero que me des un buen pretexto, pues no acepto cualquier excusa.

—¿Perdón, de que hablas? —pregunté.

—No te hagas, Benjamincito —Volvió a decir con bastante seriedad en su rostro.

Mirandola a sus hermosos ojos y tras dar un sorbo a mi café le dije:

—No, Alix, no me hago. Explícame todo bien, por favor, completo y sin omitir ningún detalle, pues no entiendo que pueda ser a lo que te refieras. Acabo de llegar ayer y vengo desconectado de todo, quizá luego que me expliques, tendré alguna respuesta o explicación.

Pues bien, comenzó diciendo:

—El domingo pasado tuve que salir de casa, fui a una tienda de telas, a comprar algo de mezclilla para hacer una falda y cuando llegue, ahí estaba la gran novedad de que cierto jovencito, muy guapo, por cierto, que no quiero decir su nombre, pero que aquí lo tengo frente a mí; había ido a mi casa y se fue sin esperarme. Pregunté bien los detalles muy sorprendida y desconsolada —continuó diciendo—, pues no creía en realidad fuera cierto, pues tú me diste la fecha en que llegarías de Sinaloa y aún no era tiempo, sino ocho días después, o sea, ayer.

Yo, por mi parte solo escuchaba con atención, y entre más detalles me daba, más me sorprendía lo que me decía. Ella prosiguió:

—Ese día solo estaban mis padres en casa y ellos te recibieron. Les dije ¿están seguros de que era él? A ver, desde el principio, papá, mamá, ¿cómo paso todo? Mi padre dijo: "Mira hija, yo acababa de ver el reloj cuando sonó el timbre, eran exactamente las diez cincuenta, tú tenías como media hora que te habías marchado, acudí a abrir y era un joven, moreno, delgado, chaparrito, con el pelo de casquete corto y me dijo amablemente: 'Hola, señor buenos días, ¿se encuentra Alicia?´. A lo cual contesté: 'No, no se encuentra, pero ya no tarda en regresar, solo fue aquí cerca a comprar unas telas. Pero pásate por favor para que la esperes. Tú tras pensarlo un poco, accediste a pasar´", continúo contando Alicia.

»Mis papás se presentaron y mi madre dijo: "Túdebes ser Benjamín, ¿verdad? A lo que contestaste afirmativamente. Y sonriendo dijiste sí, soy yo, el mismo, el amigo incondicional de su hija, Alix. Y desde ahorita quedo a sus pies, señora y a sus órdenes, señor. Gracias contestaron los dos a un tiempo".

»Mi madre prosiguió: "Alicia nos ha hablado mucho de ti y déjame darte las gracias de todo corazón, porque cuando estuvimos en el hospital, de no ser por ti, ella nunca se hubiera titulado. Ahí estuviste por teléfono con ella y la motivaste a que estudiara y sacara adelante su examen. Le hablaste muy bien de que nos daría una gran alegría el que se titulara y en verdad así fue, pero todo gracias, te lo debemos a ti".

»"No fue nada señora, cualquiera en mi lugar lo hubiera hecho, pues solo es un deber de amistad, una obligación moral de quien se diga amigo de verdad. El dar una palmadita en el hombro al que lo necesita y en el momento apropiado, dar un consejo al compañero, apoyar al que ya está cansado a continuar andando, hasta conquistar la cima".

»Mi padre —dijo ella—, siguió narrando: "Mira, ese vaso que está en la mesa, lo utilizo él, pues le ofrecimos un refresco y solo nos aceptó un vaso de agua natural. Como a los quince minutos de haber llegado, mirando su reloj dijo: "Señor, señora; Alix ya está tardando, me tengo que ir, pues no recordaba que tengo que presentarme en el cuartel"".

»Mi padre te dijo: "Pero Alicia ya casi llega, solo espera un poco para que la saludes". A lo que dicen ellos, respondiste: "en verdad que no puedo, ya tengo el tiempo encima, discúlpeme con ella por no poder esperarla y dígale que luego la llamo, por favor. Y algo muy importante, los felicito porque realmente tienen una verdadera joya de hija, muy guapa, sencilla, inteligente, con un gran corazón lleno de amor y nobleza, que ahora, conociéndolos sé de quién lo heredó en vida. Nuevamente, los felicito, por ser sus padres".

»"Está bien, contestaron mis padres, nosotros le damos tu recado. Te despediste estrechándoles la mano, pero ellos en agradecimiento, uno por uno te abrazó, nuevamente saludaste y te fuiste. Como a los diez minutos llegué yo, cuando me dijeron salí corriendo a ver si te alcanzaba en la calle, pero nada, no te apareciste por ningún lado y llorando desconsolada, regresé a casa".

»"Ya en casa y sin dejar de llorar, saqué tu fotografía, les dije a mis padres: papá, mamá, fíjense bien en la foto; ¿era él? Sí, es él, afirmaron los dos, incluso traía la misma ropa de la fotografía y la cadena con el dije por fuera de la camisa (en aquel entonces usaba una cadena de oro de diez quilates, con un anillo pequeñito como pendiente o dije, también de oro de diez quilates, con una piedra roja).

Ahí, muy atentamente y con todo lujo de detalles, procedí a narrarle a mi amiga, que apenas ayer había llegado de Sinaloa y le di todos los pormenores. Completamente sorprendida me escuchó, pero al final sin ocultar que esto le pareciera bastante extraño como a mí, se convenció de que le decía la verdad.

Y me creerán que nunca llegué hasta la puerta de su casa, nunca conocí la fachada, pues cuando la fui a ver a Guadalajara, la acompañé solo hasta la esquina. El punto aquí es: ¿qué fue aquello, tal vez un desdoblamiento psíquico, quizá un viaje astral, acaso una alucinación o una simple coincidencia? Juzguen ustedes mismos.

¿Se fijaron ustedes, en la hora en la que, según los padres de mi amiga, llegue a la puerta de su casa y tras invitarme a pasar y yo aceptar, me entrevisté con ellos? ¿Recordaran los datos que les sugerí que no olvidaran del capítulo setenta y cuatro? Esta es la relación que guardan con estos acontecimientos.

Eran las diez cincuenta de hacía ocho días antes a esta fecha, y yo allá en Sinaloa disponiéndome a dormir bajo el árbol, vi mi reloj y eran las diez cuarenta y cinco. Y cinco minutos después yo, su servidor... ¡ya estaba en Guadalajara! Curioso, ¿verdad? El caso que fue algo muy extraño que hasta la fecha no entiendo. Pero sucedió y fue así como lo he narrado. Después de haber desayunado y platicar de trivialidades vino "la mala noticia". Alix, me dijo:

—Benjamín, quiero platicarte algo, pues en verdad es para mí muy importante y necesario que tú lo sepas, por nuestra amistad y lo mucho has llegado a significar para mí y creo, por la forma en que me miras, me abrazas y aprietas mi mano, que yo también para ti".

El mensaje iba implícito mi querido lector, ni siquiera disfrazado, todo clarísimo; hasta un niño de ocho o diez años lo hubiera entendido. Sin embargo, que Diosito me castigue si es que les miento; simplemente no lo entendí en ese momento y cuando lo hice, fue muy tarde).

—¿Qué pensarías de mí o que me dirías si te digo que he regresado con mi novio anterior y que inclusive estamos hablando de matrimonio?

¿Agua fría? No, me cayó un témpano de hielo encima y me encapsuló, pero... soldado al fin y masoquista, volteé mi vista a otro punto para evitar lo evidente del dolor que sentía, fingí una sonrisa de felicidad por ella y respondí:

—Pues te felicito, quiero pensar que ya está bien hablado todo y los dos de acuerdo, enhorabuena y que sean muy felices.

—¿Pero... tú no tienes nada que decirme, algo así como una confesión, algo que tú sientas? ¿En verdad te alegra que me case y sea feliz con alguien?

¡Y ahí va de nuevo el mártir!

—No, nada, solo que deseo que seas muy feliz y que todas tus expectativas se cumplan, además si tu ex y tú decidieron volver es porque en verdad se quieren, pues... ya está.

Desafortunadamente, y tras seguir ella insistiendo si es que había algo que yo tuviera que decir, simplemente... no hablé. Alguna vez al recordarlo llegué a arrepentirme, pero ya no había marcha atrás.

Ella nunca supo que me había enamorado perdidamente de ella y tal vez era lo que quería escuchar de mí, para revocar su relación y posible matrimonio con su exnovio. Ese día ahí entre lágrimas de los dos, nos despedimos para siempre.

Perdí toda comunicación con Alicia, después de todo tenía novio y se iba a casar y yo, para que no hubiese algún mal entendido por mi culpa, simplemente decidí alejarme, claro está, con mi propio infierno dentro por cobarde.

Jamás supe ya nada de Alicia, aunque siempre la recuerdo, nunca nos volvimos a escribir o llamar. Fue una despedida muy dolorosa, pero quizá... necesaria. Dios y mi Guadalupita hermosa saben el por qué pasan las cosas o para qué.

Los pormenores, o más detalles de nuestra despedida permítanme reservármelos, pues ahora de viejo, aún me "cala" el haber perdido su amistad; era mi amiga, mi confidente, mi consejera, etc., y si yo hubiera dejado de lado la cobardía y le hubiese confesado que la amaba, tal vez hubiese sido correspondido... o quizá no, ¿quién sabe?

Sí, créanme que pudo haber sido algo más que mi amiga, sin embargo, Nuestro Padre Eterno, nos da solo lo que merecemos, pero yo en lo personal ya la había idealizado, no solo como amiga, sino mucho más.

Pero ahora que "hago retroceder el disco atrás" y repaso los detalles, me doy cuenta de que cometí un error, y estoy bien convencido que una sola palabra malinterpretada, mal dicha, o simplemente nunca expresada, nos jugó una broma y torció o... ¿enderezo?, el destino de los dos.

Pero ese, es un capítulo que en su momento fue muy extenso y que, por respeto, prudencia y privacidad, me reservo más detalles. Siempre recordaré a mi gran amiga Alicia, por su gran amistad, bondad, inteligencia y claro está, por su foto que conservo en el álbum familiar.

Y parafraseando algo leído por ahí, de la autoría de alguien que no recuerdo, pero seguro estoy que lo escribió con el corazón sangrando, le digo a mi gran, querida e inolvidable amiga Alicia T. R., lo siguiente:

"Si entre el polvo del olvido,
encontraras mi recuerdo
dedícame un suspiro si vivo;
o rézame una oración...
si es que he muerto".

LXXX • DESTACAMENTO EN EL I.F.E.

Eran los tiempos de los comicios electorales, aquí en mi México lindo y querido y junto con mi sección, se nos designó para llevar a cabo una misión más. Se trató de trasladarnos hacia un pueblo de Jalisco que colinda con Michoacán, a fin de proporcionar la seguridad a los paquetes de boletas electorales del Instituto Federal Electoral en unas instalaciones que eran una extensión de las oficinas del Ayuntamiento Municipal.

El espacio consistía en un área techada, tenía una explanada de aproximadamente treinta por cuarenta metros y en sus cuatro lados, oficinas con gente trabajando durante el día en su horario. En la parte que daba hacia la calle, había dos cubículos largos, quizá los más espaciosos del lugar y ahí se nos destinó para alojamiento. Se adaptaron unas regaderas, en total dos que, por lógica, solo serían utilizadas por nosotros durante la tarde y noche. Olvidaba decirles que dichas instalaciones se encontraban en lo que era un segundo piso.

Durante el día, una pareja de nosotros se encontraba de servicio de vigilancia al terminar la escalera en la parte de arriba y al resto que no se encontraba de servicio; se nos tenía estrictamente prohibido deambular y darnos a ver por parte de las secretarias y demás personal que laboraba en las instalaciones.

Permanecíamos completamente encerrados en nuestro alojamiento, por lo regular acostados en nuestros flamantes catres que el municipio nos había proporcionado. Imperaban los juegos de cartas del personal asiduo a dicho juego. El resto veíamos televisión o nos dedicábamos a leer revistas de bolsillo, para lo cual, de cuando en cuando, se mandaba un propio a hacer las compras de las mismas y después nos las íbamos intercambiando entre todos.

Made in the USA
Las Vegas, NV
09 April 2024

88434902R00164